职业教育课程创新精品系列教材

电子技术应用基础

主　编　仲崇祥　高　强　周宝升
副主编　韩淑丽　徐　辉　张义波　侯　峰
参　编　薛云虎　倪培展　周崇波

北京理工大学出版社
BEIJING INSTITUTE OF TECHNOLOGY PRESS

内容简介

本书依据教育部最新颁布的"中等职业学校电子技术基础与技能教学大纲",并参照了有关国家职业技能标准和行业职业规范,紧扣"1+X"认证体系,结合近年来中等职业教育的实际教学情况,围绕当前职教高考中技能高考的焦点和热点问题而编写,内容包括模拟电子技术和数字电子技术两大部分。模拟电子技术主要包括半导体及半导体二极管、半导体三极管与放大电路、直流放大器与集成运算放大器、反馈放大电路、功率放大电路、直流稳压电源、晶闸管及其应用;数字电子技术主要包括数字电路基础、组合逻辑电路、触发器、时序逻辑电路、脉冲波形的产生与变换。本书以技能实训作为学习总结与提高,将关键知识点、基本技能融合在项目完成过程中。

本书可作为中等职业学校电子类相关专业教材,为学习后续电子类课程起到承上启下的作用,也可作为电子类相关工作岗位的培训参考用书。

版权专有　侵权必究

图书在版编目(CIP)数据

电子技术应用基础 / 仲崇祥, 高强, 周宝升主编.
--北京:北京理工大学出版社, 2024.4(2024.10 重印).
　ISBN 978-7-5763-3823-2

Ⅰ.①电… Ⅱ.①仲… ②高… ③周… Ⅲ.①电子技术-高等职业教育-教材 Ⅳ.①TN

中国国家版本馆 CIP 数据核字(2024)第 079222 号

责任编辑:陈莉华	**文案编辑**:陈莉华
责任校对:刘亚男	**责任印制**:施胜娟

出版发行 /	北京理工大学出版社有限责任公司
社　　址 /	北京市丰台区四合庄路 6 号
邮　　编 /	100070
电　　话 /	(010)68914026(教材售后服务热线)
	(010)63726648(课件资源服务热线)
网　　址 /	http://www.bitpress.com.cn
版 印 次 /	2024 年 10 月第 1 版第 2 次印刷
印　　刷 /	定州市新华印刷有限公司
开　　本 /	889mm×1194mm　1/16
印　　张 /	12.5
字　　数 /	272 千字
定　　价 /	35.00 元

图书出现印装质量问题,请拨打售后服务热线,负责调换

前言
PREFACE

新时代，随着国家产业转型升级和信息化、智能化的大发展，新技术、新工艺、新方法的广泛应用，"电子技术应用基础"在产品设计、安装、调试、维修等方面的知识与技能需求均发生了质的变化，本书为了适应这些变化，本着"实用"和"够用"的原则，旨在培养学生的学习兴趣，逐步提高其创新精神、实践能力以及工匠精神；培养学生运用所学知识与技能解决生产生活中遇到的实际问题的能力，以及在安全生产、节能环保和产品质量等方面的职业意识，使其养成良好的工作方法、工作作风和职业道德。本书的开发遵循设计导向的职业教育思想，以职业能力和职业素养培养为重点，根据行业岗位需求、工作过程系统化的原则设计学习任务，依据人的职业成长规律编写教材内容，采用工学结合的一体化课程模式，运用行动导向的教学方法，依据教育部颁布的"中等职业学校电子技术基础与技能教学大纲"，同时参照最新的国家职业技能标准和行业职业技能鉴定规范以及当前职教高考中技能高考的焦点和热点问题编写而成。

本书体现"电子技术应用基础"课程的基础性与职业性，面向电子信息类、电子电器类专业，为学生职业生涯发展与终身学习奠定基础；同时面向多个相关岗位群、职业群，涉及能源类、加工制造类、信息技术类等多个行业几十个职业（工种）的电工电子基本职业素养。

本书在编写过程中吸收了当前先进的教学经验和中职教学改革的优秀成果，同时紧紧围绕新的职教高考，强化理论知识，提高技能水平，主要特点有以下几个。

1. 彰显基础性和典型性

在阐述电子技术的基本概念、基本原理和基本技能方面，切实紧扣电子技术发展的新技术、新方法、新器件和新工艺。选择与生产生活相关联的实例，突出基本电子仪器仪表的正确使用和操作。

2. 力求简约性和新颖性

用尽量精简的篇幅阐明有关内容，在有限的篇幅内展示教学目标所要求的内容，表现形式直观生动、图文并茂。本书以"实践环节"作为教学单元的总结与提高，将关键知识点、基本技能融合在整个课题中。

3. 把握逻辑性和层次性

教材内容的组织与编排既注意符合知识和技能的逻辑顺序，又着眼于中职生的心智，充分考虑到符合学生的思维发展和技能生成规律，课题单元之间、"实践环节"之间既相对独立又有一定的层次。

4. 确保实用性和趣味性

在教材知识点和技能点的选择安排上不仅考虑知识结构问题，还加强了制作和调试电路等工程应用背景的实用性内容，强化学生与职业岗位对接的能力，激发学生学习兴趣，课题的选择与设计常常集声光于一体，兼顾一定的趣味性。

本书总学时数为106学时，根据教学大纲的要求，按通用性、基础性和专业需要与学生个性发展配置教学基础内容与选学内容（课题十一、课题十二），既适合不同学制使用，也适合各地不同设备条件的学校灵活选用。基础内容是各专业学生必修的教学内容和应该达到的基本教学要求，建议安排80学时；选学内容是适应不同专业需要，以及不同地域、学校、学制差异，满足学生个性发展的内容，建议至少选择12学时的选学内容的教学，课程总学时数应至少保证96学时。

本书由宁阳县职业中等专业学校仲崇祥统稿，其中，宁阳县职业中等专业学校张义波编写课题一，宁阳县职业中等专业学校薛云虎编写课题二，山东省潍坊商业学校倪培展编写课题三，宁阳县中等专业学校高强编写课题四，青岛西海岸新区职业中等专业学校周宝升编写课题五，宁阳县中等专业学校韩淑丽编写课题六和课题七，泰安市文化产业中等专业学校侯峰编写课题八，宁阳县中等专业学校徐辉编写课题九，威海海洋职业学院周崇波编写课题十，宁阳县中等专业学校仲崇祥编写课题十一和课题十二。

在本书编写过程中，得到了山东信息职业技术学院刘学伟老师、山东电子职业技术学院郭宗辉老师和山东星科智能科技股份有限公司李洪刚主任的大力支持和帮助，在此一并表示感谢。鉴于编者水平有限，教材中难免存在不妥之处，漏洞在所难免，恳请广大读者予以批评指正。

编 者

目 录
CONTENTS

课题一　半导体及半导体二极管 ·· 1

　单元一　认识半导体及半导体二极管 ································ 1
　单元二　理解和掌握整流电路 ·· 9
　单元三　认识滤波电路类型及应用 ································ 15
　单元四　认识特殊的二极管 ·· 19

课题二　半导体三极管与放大电路 ···································· 23

　单元一　认识半导体三极管 ·· 23
　单元二　认识三极管放大电路 ······································ 29
　单元三　认识稳定工作点的放大电路 ······························ 37
　单元四　认识多级放大器 ·· 41
　单元五　认识共集电极、共基极放大电路 ·························· 44
　单元六　认识场效应管 ·· 46

课题三　直流放大器与集成运算放大器 ································ 51

　单元一　直流放大器 ·· 51
　单元二　认识差分放大电路 ·· 55
　单元三　集成运算放大器 ·· 61

课题四　反馈放大电路 … 68
单元一　反馈的概念 … 68
单元二　负反馈放大电路的分析 … 72
单元三　认识振荡电路 … 75

课题五　功率放大电路 … 82
单元一　认识功率放大电路 … 82
单元二　认识 OCL 和 OTL 电路 … 86
单元三　集成功率放大器及其应用 … 91

课题六　直流稳压电源 … 96
单元一　认识串联型晶体管稳压电路 … 96
单元二　认识集成稳压器 … 100

课题七　晶闸管及其应用 … 105
单元一　晶闸管的结构和工作原理 … 105
单元二　晶闸管可控整流电路 … 110
单元三　晶闸管的触发电路 … 113

课题八　数字电路基础 … 119
单元一　逻辑门电路 … 119
单元二　数制与码制 … 127
单元三　逻辑函数的化简 … 131

课题九　组合逻辑电路 … 138
单元一　组合逻辑电路的基础知识 … 138
单元二　认识编码器 … 143
单元三　认识译码器 … 147

课题十　触发器 ········· 154
单元一　认识 RS 触发器 ········· 154
单元二　认识 JK 触发器 ········· 158
单元三　认识 D 触发器 ········· 163

*课题十一　时序逻辑电路 ········· 168
单元一　认识寄存器 ········· 168
单元二　认识计数器 ········· 173

*课题十二　脉冲波形的产生与变换 ········· 180
单元一　认识脉冲产生电路 ········· 180
单元二　认识 555 时基电路 ········· 185

参考文献 ········· 190

课题一

半导体及半导体二极管

> 半导体是信息化的基础，20世纪半导体大规模集成电路、半导体激光器以及各种半导体器件的发明，对现代信息技术革命起到至关重要的作用，引发了一场新的全球性产业革命。信息化是当今世界经济和社会发展的大趋势，信息化水平已成为衡量一个国家和地区现代化程度的重要标志。进入21世纪，全世界都在加快信息化建设步伐。源于信息技术革命的需要，半导体物理、材料、器件将有新的更快的发展。

单元一 认识半导体及半导体二极管

半导体技术是模拟电路的主要内容，在模拟电子技术中占有非常重要的地位。半导体技术应用广泛，衍生出很多半导体材料，其中半导体二极管、三极管就是应用半导体材料制作而成，也是模拟电子技术的重点。本单元介绍的半导体二极管，其最基本的构造为PN结，即一个P型半导体和一个N型半导体的结合。半导体二极管的工作原理基于这两种半导体材料所具有的不同的导电性质，使其在电路中可以起到限流、整流、开关等作用。

下面就一起来学习半导体及半导体二极管的相关知识。

🔧 学习目标

（1）掌握半导体的概念。
（2）理解PN结的特性。
（3）掌握半导体二极管的结构符号与特性。
（4）掌握二极管的伏安特性，并了解主要参数。

半导体器件是现代电子技术发展必不可少的重要组成部分。由于它具有体积小、质量轻、使用寿命长、输入功率小和功率转换效率高等优点而得到广泛的应用。

随着科学技术的发展，我们生活中的很多电子产品如电话、收音机、电视机、计算机、MP3/MP4 等，都用到了半导体器件，下面就一起来学习常用半导体器件中的二极管及其应用。图 1-1 所示为二极管实物。

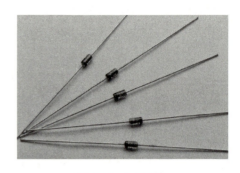

图 1-1 二极管

一、半导体和本征半导体

人们按照物质导电性能，通常将各种材料分为导体、绝缘体和半导体三大类。导电性能介于导体与绝缘体之间的物质称为半导体。

半导体中原子核对价电子的束缚能力介于导体和绝缘体之间。因此，半导体既非良导体又非绝缘体。但是半导体有其独特的性质，通常情况下半导体的导电性能很差，但受到光（或热）照射后，半导体的导电能力会显著增强，更为突出的是，在纯净的导体中掺入微量杂质，其导电性能会大大增强。

纯净的、结构完整的半导体称为本征半导体。纯净的硅、锗单晶体都是本征半导体。

本征半导体的导电能力很差，不能直接制作导体器件。如果在本征半导体中掺入微量的其他元素（称杂质），就会使它的导电性能显著增强。掺了杂质的半导体称为杂质半导体。根据所掺杂质的不同，杂质半导体分为 N 型半导体和 P 型半导体。

二、杂质半导体

1. N 型半导体（电子型半导体）

如图 1-2 所示，在硅本征半导体中掺入微量 5 价元素磷，磷原子就会取代硅原子形成共价结构。由于磷原子最外层有 5 个价电子，所以每掺入一个磷原子就会产生一个多余的价电子，这个多余的价电子就成了自由电子。掺入的磷原子数越多，产生的自由电子数也越多，N 型半导体中有很多自由电子，这种 N 型半导体也存在本征激发产生的少量空穴-电子对，所以在 N 型半导体中自由电子数目多，称为多子；空穴的数目少，称为少子。N 型半导体主要靠自由电子导电，故称为电子型半导体。

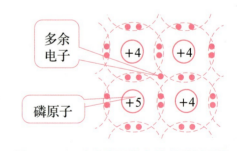

图 1-2 N 型硅半导体中的共价键结构

磷原子失掉一个最外层电子，就成了带一个单位电荷的正离子，正离子不能移动而参与导电。所以，N 型半导体可看作由正离子和自由电子组成，如图 1-3（b）所示。图 1-

3(a)所示为 P 型半导体简化结构示意图,可以看成是由负离子和空穴组成。

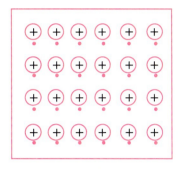

（a）P 型半导体　　　　　（b）N 型半导体

图 1-3　P 型和 N 型半导体简化结构示意图

2. P 型半导体（空穴型半导体）

在硅本征半导体中掺入微量的 3 价元素硼（B），如图 1-4 所示,由于硼原子最外层只有 3 价电子,所以在一个共价键上就少一个电子,形成一个空穴,这样每掺入一个硼原子就生成一个空穴,掺入的硼原子越多,产生的空穴就越多。P 型半导体也存在少量由于本征激发产生的空穴-电子对,所以在 P 型半导体中空穴是多数载流子,称为多子;自由电子是少数载流子,称为少子。

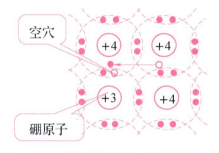

图 1-4　P 型硅半导体中的共价键结构

可见 P 型半导体中要靠空穴导电,所以,P 型半导体又称为空穴型半导体。硼原子的空穴被一个自由电子填补,硼原子的最外层就多出一个电子,成为负离子。负离子不能参与导电。

三、PN 结及其单向导电性

1. PN 结的形成

扩散运动：物质总是从浓度高的地方向浓度低的地方运动,这种由于浓度差而产生的运动称为扩散运动。

如图 1-5 所示,当把 P 型半导体和 N 型半导体制作在一起时,在它们的交界面,两种载流子的浓度差很大,因而 P 区的空穴必然向 N 区扩散,与此同时,N 区的自由电子也必然向 P 区扩散。扩散到 P 区的自由电子与空穴复合,而扩散到 N 区的空穴与自由电子复合,所以在交界面附近多子的浓度下降,P 区出现负离子区,N 区出现正离子区,它们不能移动,称为空间电荷区,从而形成内电场。随着扩散运动的进行,空间电荷区加宽,内电场增强,其方向由 N 区指向 P 区,阻止扩散运动的进行。

漂移运动：在电场力作用下,少数载流子的运动称为漂移运动。例如,当空间电荷区形成后,在内电场作用下,少子产生漂移运动,空穴从 N 区向 P 区运动,而自由电子从 P 区向

N区运动。当扩散运动和漂移运动达到动态平衡时，空间电荷区的宽度不再改变，此时的空间电荷区就是PN结，如图1-6所示。由于在PN结内载流子都消耗殆尽，所以PN结又称耗尽层。PN结呈现很高的电阻率，所以又称为阻挡层。

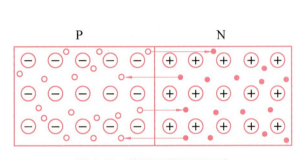

图1-5 载流子的扩散运动

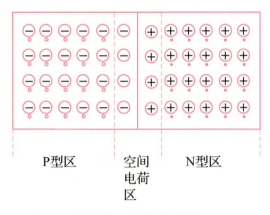

图1-6 PN结的形成

2. PN结单向导电性

如图1-7所示，P区接直流电源正极，N区接直流电源负极，则PN结外加正向电压，简称为正偏。这时外电场的方向与PN结内电场的方向相反，在外电场作用下，P区中多子空穴向PN结移动，与部分负离子中和，N区中多子自由电子也向PN结移动，与部分正离子中和，这样PN结变窄，扩散运动大于漂移运动，而消耗掉的空穴和电子源源不断地从外电源得到补充，因而形成了电流的回路。所以，外加正向电压时PN结导通。

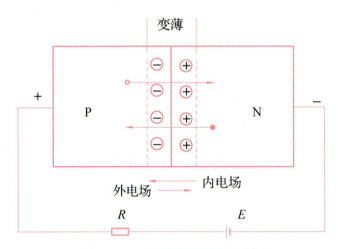

图1-7 PN结加正向电压导通

如图1-8所示，P区接直流电源负极，N区接直流电源正极，则PN结外加反向电压，简称为反偏，这时外电场与内电场方向相同，外电场使P区中空穴和N区中自由电子向远离PN结的方向移动，空间电荷区变宽，内电场增强，扩散运动受阻，而漂移运动增强，通过PN结的电流为少子运动形成的电流，称为反向电流。而少子浓度低，所以反向电流很小，相对于正向电流可以忽略不计，此种情况称PN结截止。综上所述，外加正向电压时PN结导通；外加反向电压时 PN 结截止。这就是 PN 结的单向导电性。

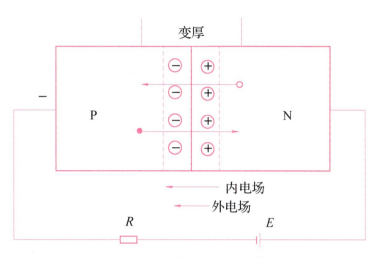

图 1-8　PN 结加反向电压截止

四、半导体二极管

1. 二极管的结构

二极管的结构示意图如图 1-9（a）所示。在 PN 结两端各引出一根电极引线，然后用外壳封装起来，就构成了半导体二极管。图 1-9（b）所示为二极管的符号，其中箭头方向为正向电流的方向。

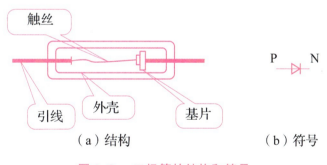

图 1-9　二极管的结构和符号

2. 二极管的分类

（1）二极管按所用的半导体材料不同可分为硅管和锗管。

（2）二极管按结构可分为点接触型、面接触型和平面型三大类。它们的结构示意图如图 1-10 所示。

①点接触型二极管：由一根很细的金属触丝（如 3 价元素铝）和一块 N 型半导体（如锗）的表面接触，然后在正方向通过很大的瞬间电流，使触丝和半导体牢固地熔接在一起，3 价金属与 N 型锗半导体相结合就构成 PN 结。由于其 PN 结面积小、结电容小，常用于检波和变频等高频电路。

②面接触型二极管：PN结面积大，用于工频大电流整流电路。

③平面型二极管：往往用于集成电路制造工艺中。PN结的面积可大可小，可用于高频整流和开关电路中。

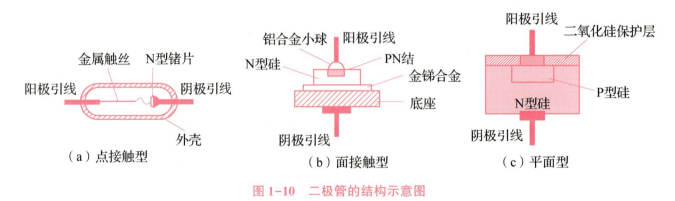

图 1-10　二极管的结构示意图

（3）按用途不同可分为普通二极管、整流二极管、稳压二极管、发光二极管、光电二极管、肖特基二极管等。

3. 二极管的伏安特性

二极管两端所加的电压与通过它的电流之间的关系曲线称为二极管的伏安特性，如图1-11所示，二极管的伏安特性分为正向特性和反向特性。

1）正向特性

不导通区（也叫死区），如图 1-11（a）中 OA 段所示，当二极管承受正向电压时，开始的一段，由于外加正向电压较小，不足以克服 PN 结内电场对载流子运动的阻挡作用，此时正向电流几乎为零，通常把这一段称为不导通区或死区，对应的电压叫死区电压，死区电压的最大值叫作阈值电压，用 U_{th} 表示。一般硅二极管的 U_{th} 约为 0.5 V，锗二极管的 U_{th} 约为 0.1 V。

导通区如图 1-11（a）中 AB 段所示，当外加电压超过 U_{th} 后，内电场被大大削弱，正向电流迅速增大，这时二极管处于正向导通状态。硅二极管的正向导通压降为 0.7 V 左右，锗管为 0.3 V 左右。

2）反向特性

反向截止区如图 1-11（a）中 OC 段所示，二极管加反向电压时，反向电流很小，且反向电流不随反向电压而变化，为反向饱和电流。

反向击穿区如图 1-11（a）中 CD 段所示，加在二极管上的反向电压增大到 U_{BR} 时，反向电流急剧增大。这是由于反向电压上升到一定程度时，外加电场太强，共价键中的电子被强拉出来参与导电，致使电子-空穴对数目猛增，反向电流急剧增大。这种现象称为反向击穿现象，反向击穿电压用 U_{BR} 表示。

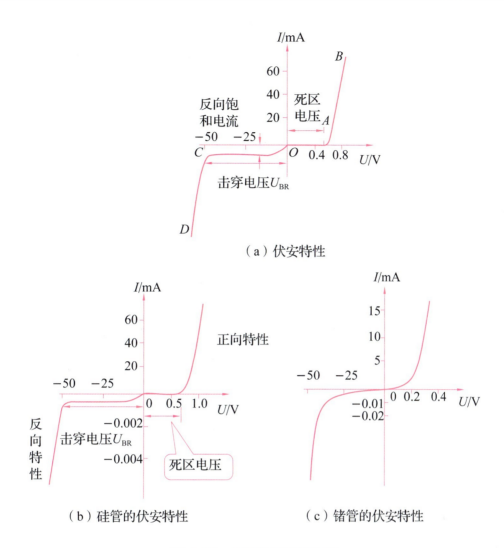

图 1-11 二极管的伏安特性

4. 晶体二极管的主要参数

（1）最大整流电流 I_{FM}：二极管长期工作时允许通过的最大正向平均电流，使用中电流超过此值时，管子会因过热而永久损坏。

（2）最高反向工作电压 U_{RM}：二极管正常工作时可以承受的最高反向电压，一般为反向击穿电压 U_{BR} 的一半左右。

（3）反向电流 I_{RM}：二极管未被击穿时的反向电流，其值越小，则二极管的单向导电性越好。

（4）最高工作频率 f_M：保证二极管正常工作的最高频率，否则会使二极管失去单向导电性。

◇ 身边的科学

遥控电路

生活中有很多家用电器都有遥控设备，专门为"懒人"服务，如音响、彩色电视、空调、VCD视盘机、DVD视盘机以及录像机等各种家用电器中都有。它们是什么原理呢？原来是使用了红外发光二极管和红外接收二极管。红外发光二极管是一种把电能直接转换成红外光（不可见光）并能辐射出去的发光器件；红外接收二极管又叫红外光敏二极管，它能很好地接收红外发光二极管发射的波长为940 nm的红外光信号，如图1-12所示。它们与其他电路合并，共同构成红外遥控系统中的发射电路与接收电路。

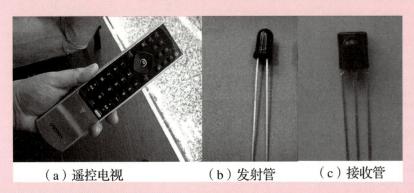

（a）遥控电视　　（b）发射管　　（c）接收管

图1-12　遥控电路及其主要元件

二极管参数探究

步骤1：判断二极管的极性及材质。

用万用表测量编号为1和2的两个二极管的相关参数，并将结果填入表1-1中。

表1-1　二极管的极性及材质检测结果

序号	万用表挡位	极性	材质
1			
2			

步骤2：单向导电性验证。

根据步骤1的检测结果，将编号为1的二极管接入图1-13所示电路中。

（1）将正极接 A 点，负极接 B 点，观察灯泡的亮灭情况，并分析原因。

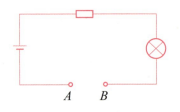

图1-13　二极管单向导电性实验原理

（2）将正极接 B 点，负极接 A 点，观察灯泡的亮灭情况，并分析原因。

知识回顾

（1）硅二极管的导通管压降约为（　　）。
A. 0.7 V　　　　　B. 0.3 V　　　　　C. 0.5 V　　　　　D. 0.2 V

（2）PN 结的基本特性是（　　）。
A. 放大　　　　　B. 稳压　　　　　C. 单向导电性　　　D. 伏安特性

（3）（2018 年高考题）测量二极管反向电阻时，不小心用手捏住两引脚，其测量值（　　）。
A. 不变　　　　　B. 变小　　　　　C. 变大　　　　　D. 先变小后变大

（4）（2020 年高考题）关于半导体二极管，叙述正确的是（　　）。
A. 工作特性与温度无关　　　　　B. 反向饱和电流越大越好
C. 导通管压降与电流成正比　　　D. 正向电压超过死区电压时导通

单元二　理解和掌握整流电路

电力网供给用户的是交流电，而我们平时使用的电子产品需要用直流电。这就要把交流电转换为需要的直流电。整流电路就是完成这一转换功能的重要组成部分。整流就是把交流电变为直流电的过程。利用具有单向导电特性的器件，可以把方向和大小改变的交流电变换为直流电。图 1-14 展示的整流桥就是将整流二极管封装在一起的电子元件。

图 1-14　整流桥

下面就一起来学习整流电路的相关知识。

学习目标

（1）掌握半波整流电路的工作原理及电压、电流参数。
（2）掌握桥式整流滤波电路的工作原理及电压、电流参数。
（3）掌握半波整流电路和全波整流电路的原理图绘制和设计。

一般的电子产品，如手机、手电筒、MP3/MP4、小型扩音器等，通常使用电池供电。在大量电气设备中，图 1-15 所示的日常生活用品往往利用 220 V 交流电转换成直流稳压电源来供电。

图 1-15 应用整流电路的常见家用电子设备

一、整流电路的作用及工作原理

直流稳压电源一般由电源变压器、整流电路、滤波电路和稳压电路等组成,其组成框图如图 1-16 所示。

电源变压器:是将输入的交流 220 V 或 380 V 电压变换为所需的低压交流电。

整流电路:是将低压交流电转换成脉动直流电。

滤波电路:能减小电压的脉动,使输出电压平滑。

稳压电路:能使输出的直流电压基本不受电网波动及负载变动的影响。

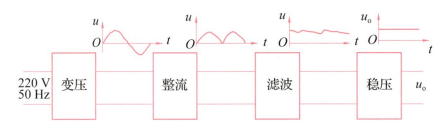

图 1-16 直流稳压电源组成框图

整流电路是利用二极管的单向导电性将交流电转换成脉动直流电的电路。它是直流稳压源中不可缺少的一部分。

常见的整流电路有半波整流电路、桥式整流电路。

二、半波整流电路

半波整流电路如图 1-17 所示。它是最简单的一种整流电路,通过电源变压器一次侧的单相交流电压 u_1 转换成所需要的二次电压 u_2,VD 是整流二极管元件,R_L 是负载电阻。

半波整流电路的工作原理如图 1-18(a)所示。

当电压 u_2 在正半周时,二极管正向导通(理想情况下二极管的正向压降为零),负载电阻

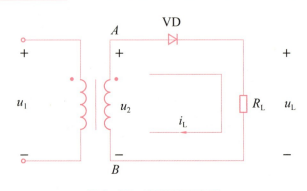

图 1-17 半波整流电路

R_L 上的电压 $u_o=u_2$，流过负载的电流 $i_o=u_o/R_L$。它们的波形如图 1-18（b）所示。

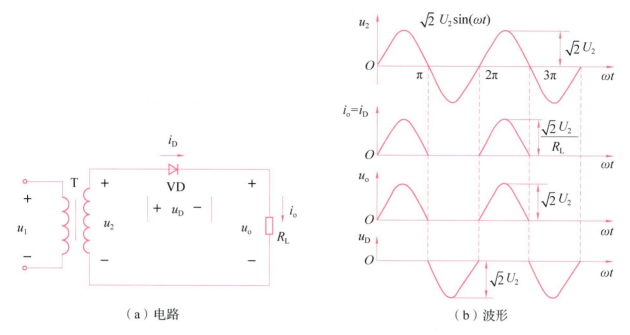

（a）电路　　　　　　　　　　　　（b）波形

图 1-18　半波整流电路的工作原理

当电压 u_2 在负半周时，二极管反向截止，此时 $u_o=0$，$i_o=0$。

半波整流电路的基本参数如下。

（1）整流输出电压平均值为

$$U_{o(AV)}=0.45U_2$$

（2）负载的电流为

$$I_{o(AV)}=\frac{U_{o(AV)}}{R_L}=0.45\frac{U_2}{R_L}$$

（3）二极管的正向电流为

$$I_{D(AV)}=I_{o(AV)}$$

（4）二极管承受的反向峰值电压为

$$U_{RM}=\sqrt{2}U_2$$

综上分析，半波整流电路简单易行，所用二极管数量少。半波整流电路的输出电压不到输入电压的一半，交流分量大，效率低。因此，这种电路仅适用于整流电流较小，对脉动要求不高的场合。

[**半波整流电路二极管的选用**]　当整流电路的变压器二次电压有效值和负载电阻值确定后，电路对二极管参数的要求也就确定了。一般应根据流过二极管电流和它所承受的最大反向电压来选择二极管的型号。半波整流二极管应满足：额定电压 $U_{RM} \geqslant \sqrt{2}U_2$，额定电流 I_{FM} 不低于负载电流。

三、桥式整流电路

为了克服半波整流电路的缺点，在实用电路中多采用全波整流电路，最常用的是桥式整流电路。

桥式整流电路如图 1-19 所示。它是由变压器、4 个整流二极管 $VD_1 \sim VD_4$ 以及负载 R_L 组成，也常称为整流桥，其工作原理如图 1-20 所示。

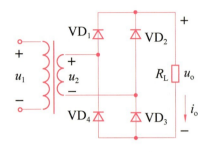

图 1-19 桥式整流电路

（1）当输入信号为正半周时，VD_1、VD_3 导通，VD_2、VD_4 截止，负载上有半波输出。

（2）当输入信号为负半周时，VD_2、VD_4 导通，VD_1、VD_3 截止，负载上有半波输出。在输入信号的一个周期内，负载上得到两个半波。

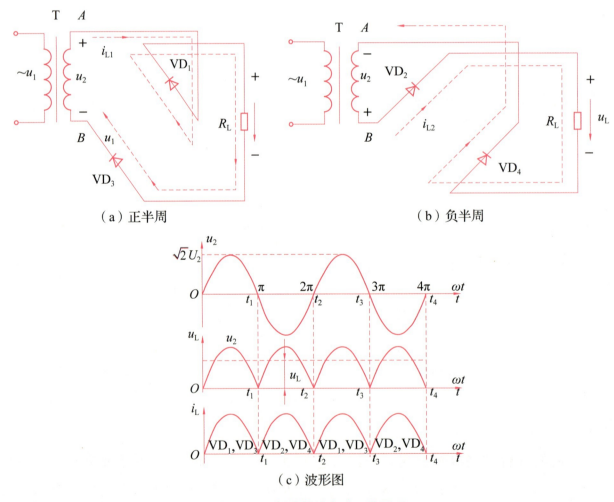

（a）正半周

（b）负半周

（c）波形图

图 1-20 桥式整流电路工作原理

桥式整流电路的输出电压平均值为

$$U_{o(AV)} = 0.9U_2$$

输出电流平均值为

$$I_{o(AV)} = \frac{U_{o(AV)}}{R_L} = 0.9\frac{U_2}{R_L}$$

负载的电流为

$$I_{D(AV)} = 0.5I_{o(AV)}$$

二极管承受的反向峰值电压为

$$U_{RM} = \sqrt{2}\,U_2$$

综上分析，桥式整流电路与半波整流电路相比，在相同的变压器二次电压下，二极管的参数要求是一样的，并且还具有输出电压高、变压器利用效率高、脉动小等优点，因此得到相当广泛的应用。

桥式整流电路中整流二极管应满足：额定电压 $U_{RM} \geq \sqrt{2}\,U_2$，额定电流 I_{FM} 不低于负载电流 $0.5I_o$。

例题 在单相桥式整流电路中，已知变压器二次侧电压有效值 $U_2 = 60$ V，负载电阻 $R_L = 2$ kΩ，二极管的正向压降忽略不计，求：

（1）输出电压平均值 U_L 和负载平均电流 I_L；

（2）确定二极管的最大反向电压和平均值。

解：（1）输出电压平均值：

$$U_L = 0.9U_2 = 0.9 \times 60 = 54\ (V)$$

负载电流平均值：

$$I_L = \frac{U_L}{R_L} = \frac{54}{2} = 27\ (mA)$$

（2）二极管的最大反向工作电压：

$$U_{RM} = \sqrt{2}\,U_2 = 1.41 \times 60 = 84.6\ (V)$$

二极管的平均电流：

$$I_D = \frac{1}{2}I_L = 13.5\ (mA)$$

想一想 在连接桥式整流电路时，如果二极管的极性接反会怎么样呢？

整流桥：将桥式整流电路的 4 个二极管制作在一起，封装成为一个器件就称为整流桥。在许多电源电路中都会使用整流桥来构成整流电路，如图 1-21 所示。整流电路中采用整流桥后，电路的结构得到明显简化，电路中只需用一个整流桥即可构成整流电路，而不是多个二极管构成整流电路。因此，电路分析比较简单。

图 1-21 整流桥

实践环节

单相桥式整流电路探究

步骤1：根据电路原理（图1-22）搭建单相桥式整流电路。其中，变压器变比 $K=11$。

步骤2：用双踪示波器测量 u_2 和 u_o 波形，观察并记录在表1-2中。

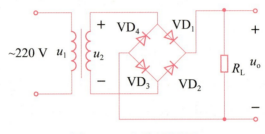

图1-22 电路原理图

表1-2 u_2 和 u_o 波形记录表

步骤3：将整流二极管 VD_3 断路，再用双踪示波器测量 u_2 和 u_o 波形，观察并记录在表1-3中。

表1-3 断开 VD_3 后 u_2 和 u_o 波形记录表

步骤4：分别比较步骤2和步骤3得到的 u_2 波形和 u_o 波形，并分析两次测量波形是否相

同,为什么?

知识回顾

(1) 实现将交流电转换为脉动直流电的方法是(   )。
A. 稳压   B. 整流   C. 滤波   D. 变压

(2) 在单相桥式整流电路中,二极管承受的最高反向工作电压为 28.28 V,该整流电路输出电压为(   )。
A. 9 V   B. 18 V   C. 20 V   D. 24 V

(3)(2015 年高考题)在单相桥式整流电路中,一个周期内流过二极管的平均电流是负载电流的(   )。
A. 1 倍   B. 2 倍   C. 1.5 倍   D. 0.5 倍

(4)(2017 年高考题)在单相半波整流电路中,已知负载电压为 9 V,则变压器二次电压约为(   )。
A. 9 V   B. 10 V   C. 10.8 V   D. 20 V

单元三　认识滤波电路类型及应用

滤波是信号处理中的一个重要概念。只允许一定频率范围内的信号成分正常通过,而阻止另一部分频率成分通过的电路,叫作滤波电路。图 1-23 展示的就是滤波电路的一种类型——电感滤波电路。

经过电感滤波,可使负载电流及电压的脉动减小,波形变得平滑。滤波电路的作用:尽可能减小脉动直流电压中的交流成分,保留其直流成分,使输出电压纹波系数降低。在实际应用中,也常使用电容为核心的滤波电路。

图 1-23　电感滤波电路

下面就一起来学习滤波电路的相关知识。

学习目标

(1) 了解滤波电路的作用和原理。
(2) 了解常见滤波电路的组成及特点。
(3) 掌握电容滤波电路及输出电压的估算。
(4) 掌握电感滤波电路及输出电压的估算。

在大多数电子设备中，整流电路后都需要加滤波电路，以减小整流电压的脉动程度，满足稳压电路的要求。把脉动直流变成波形平滑直流的电路，即是滤波电路。

常见的滤波电路有电容滤波电路、电感滤波电路和复式滤波电路。

一、电容滤波电路

电容滤波电路工作时，主要是用到了电容器的隔直通交特性和储能特性。当单向脉动电压处于高峰值时电容就充电，而当处于低峰值电压时就放电，这样就把高峰值电压存储起来到低峰值电压处再释放。滤波电路是把高低不平的单向脉动性直流电压转换成比较平滑的直流电压。

电容滤波电路是在负载的两端并联一个电容器 C，如图1-24所示。其工作原理如图1-25所示。

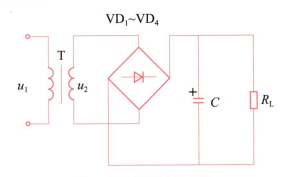

图1-24 电容滤波电路

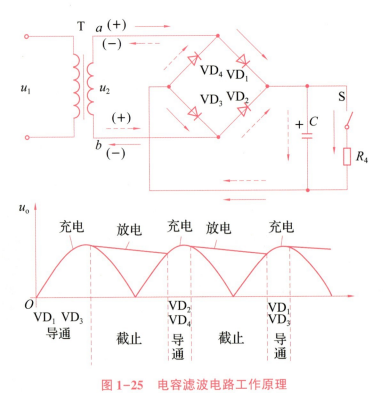

图1-25 电容滤波电路工作原理

输出电压的估算如下。

（1）桥式整流电容滤波的负载上得到的输出电压为

$$U_{o(AV)} = 1.2U_2$$

（2）桥式整流电容滤波输出端空载时电压为

$$U_{o(AV)} = 1.4U_2$$

半波整流加电容滤波器的输出直流电压约为 U_2；而桥式整流加电容滤波时，直流电压约为 $1.2U_2$，负载开路时，输出直流电则为 $1.4U_2$。

滤波电容选用可参考表 1-4。

表 1-4 滤波电容的选用参考表

输出电流	2 A	1 A	0.5~1 A	100 mA 以下	50 mA 以下
电容量 $C/\mu F$	4 000	2 000	500	200~500	200

二、电感滤波电路

当一些电气设备需要脉动较小、输出电流较大的直流电源时往往采用电感滤波电路。电感滤波电路工作时，是依据电感的通直阻交特性和储能特性。电感器可以把单向脉动性直流电压中的交流分量进行阻碍。

电感滤波电路是将负载与电感器串联，其电路如图 1-26 所示。其工作电路波形如图 1-27 所示。

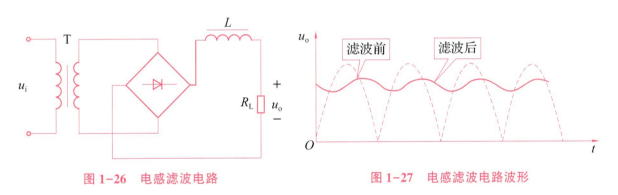

图 1-26 电感滤波电路　　　　图 1-27 电感滤波电路波形

对于直流成分，由于电感的电阻一般远小于负载 R_L，所以它几乎全部落在负载 R_L 上；对于交流分量，由于电感 L 呈现感抗为 $X_L=2\pi fL$，只要 L 足够大，使 $X_L \gg R_L$ 时，交流分量几乎全部落在电感 L 上，而负载 R_L 上的交流压降很小，电感滤波后，不但负载电流及电压的脉动减小、波形变得平滑，而且整流二极管的导通角增大。L 越大，滤波效果越好。

桥式整流电感滤波输出端空载时有

$$U_{o(AV)} = 0.9U_2$$

三、复式滤波电路

把电容接在负载并联支路，把电感或电阻接在串联支路，可以组成复式滤波器。复式滤波电路有 LC 滤波电路、π 型 RC 滤波电路、π 型 LC 滤波电路等，如图 1-28 所示。图 1-28（a）所示为 LC 滤波电路，负载电阻 R_L 和电容并联后，与电感 L 进行串联；图 1-

28（b）所示为 π 型 LC 滤波电路，因电感 L 夹在电容 C_1、C_2 中间，形似 π，因此得名；图 1-28（c）所示为 π 型 RC 滤波电路，因电阻 R 夹在电容 C_1、C_2 中间，形似 π，因此而得名。

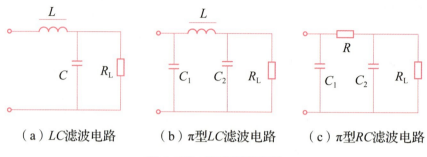

（a）LC 滤波电路　　（b）π 型 LC 滤波电路　　（c）π 型 RC 滤波电路

图 1-28　复式滤波电路

实践环节

单相桥式整流电容滤波电路探究

步骤 1：根据电路原理图 1-29 搭建单相桥式整流电容滤波电路，通过控制开关 S_2 实现温度的调节。

步骤 2：闭合开关 S_1，断开开关 S_2，读取电压表的示数。

步骤 3：闭合开关 S_1 和 S_2，读取电压表的示数。

步骤 4：比较步骤 2 和步骤 3 得到的电压示数是否相同？为什么会得到这个结果？

思考：上述电路图中通过控制开关 S_1 和 S_2 的开合，可以得到几种电压数值？分别对应何种电路？请将结果填入表 1-5 中。

图 1-29　电路原理图

表 1-5　控制开关 S_1 和 S_2 的开合得到的数据

开关状态	电压值	对应电路性质
S_1 断开，S_2 断开		
S_1 闭合，S_2 断开		
S_1 断开，S_2 闭合		
S_1 闭合，S_2 闭合		

知识回顾

（1）整流电路加滤波电容后，二极管导通时间（　　　）。

A. 变长　　　　　　B. 变短　　　　　　C. 不变　　　　　　D. 3 种变化都有

（2）电容滤波一般用在（　　）整流电路中。
A. 小电流　　　　　　B. 要求滤波效果好　　C. 带负载能力强　　　D. 以上说法都不对
（3）负载电流较大且经常变化的电感设备中的滤波电路应选用（　　）。
A. 电容滤波　　　　　B. 电感滤波　　　　　C. 电阻滤波　　　　　D. 电子滤波
（4）在单相桥式整流电容滤波电路中，若负载开路时，输出电压为（　　）。
A. $0.45U_2$　　　　　B. $0.9U_2$　　　　　C. $\sqrt{2}U_2$　　　　　D. $2\sqrt{2}U_2$
（5）（2016年高考题）二极管单相桥式整流电容滤波电路中，已知电源变压器二次侧电压为 u_2，负载两端输出电压的平均值 U_L 的估算公式为（　　）。
A. $U_L \approx 1.2U_2$　　　B. $U_L \approx U_2$　　　C. $U_L \approx 0.9U_2$　　　D. $U_L \approx 0.45U_2$

单元四　认识特殊的二极管

随着科学技术的快速发展，LED灯具已经成为人们生活中照明灯具的主流。LED即发光二极管，它就是一种特殊的二极管，如图1-30所示。

实际上，二极管还有许多种类，如稳压二极管、发光二极管、光电二极管等，每种二极管都有其独特的特性和应用。深入了解各种二极管的特性，可以更好地帮助我们理解电子器件的运作，也是进行电路设计和应用的基础。

下面就一起来认识一些特殊的二极管。

图1-30　LED灯泡

学习目标

（1）掌握特殊二极管的图形符号。
（2）掌握稳压二极管的工作特点、主要参数和伏安特性曲线。
（3）了解发光二极管、变容二极管等特殊二极管的工作特点、主要参数和基本应用。

下面介绍一些具有特殊功能的二极管，详见表1-6。

表1-6　特殊二极管

名称	实物	电路符号
稳压二极管		

续表

名称	实物	电路符号
变容二极管		
光电二极管		
发光二极管		

一、稳压二极管

稳压二极管是一种用特殊工艺制造的面接触型硅材料二极管，它具有稳定电压的功能，在稳压设备和一些电子电路中经常使用，通常把这种类型的二极管称为稳压二极管。

常用稳压二极管的外形与普通二极管相似，有塑料外壳、金属外壳等封装形式。它反向击穿前的导电特性与普通二极管相似，在击穿电压下，只要限制其通过的电流，可以安全工作在反向击穿状态下，其管子两端电压基本保持不变，起到稳压的作用，其伏安特性如图1-31所示。

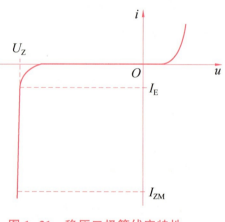

图1-31 稳压二极管伏安特性

二、变容二极管

变容二极管是利用PN结的电容随外加偏压而变化这一特性制成的非线性电容元件，被广泛用于参量放大器、电子调谐及倍频器等微波电路中。

三、光敏二极管

光敏二极管又称为光电二极管，其PN结工作在反向偏置状态。目前使用最多的是硅光敏二极管。它常作为光电传感元件，能把接收到的光信号转变成电流。光敏二极管在光线照射下，管子的反向电流将随光照强度的改变而改变，其顶端有能射入光线的窗口，光线可通过该窗口照射到管芯上。

四、发光二极管

发光二极管（简称 LED）是一种光发射元件，当发光二极管的 PN 结加上正向电压时，会产生发光现象。它是一种新型冷光源，具有功耗低、体积小、寿命长、工作可靠等特点，目前在显示等领域应用广泛，如图 1-32 所示。

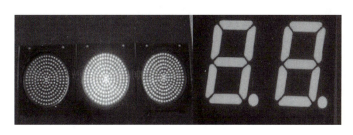

图 1-32　LED 用途举例

发光二极管管压降的测量

步骤 1：按照电路原理图 1-33 搭建电路。

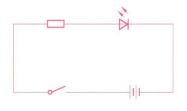

图 1-33　电路原理图

步骤 2：分别将红色、黄色、蓝色、绿色发光二极管单独接入电路，用万用表测量其导通时的管压降，并记录在表 1-7 中。

表 1-7　数据记录表

二极管颜色	红色	黄色	蓝色	绿色
管压降				

思考：不同颜色的二极管管压降是否相同？为什么？

知识回顾

（1）所有的二极管都不能正常工作在击穿区。（　　）

（2）光敏二极管和稳压二极管一样，也是在反向电压下工作的。（　　）

（3）稳压管正常工作时工作在_____状态，其两端的电压称为_____。

（4）需要工作在正向电压下的特殊二极管是（　　）。

A. 稳压二极管　　　B. 光电二极管　　　C. 发光二极管　　　D. 变容二极管

（5）（2006年高考题）稳压二极管的特点是：反向击穿后其两端的电压随反向电流的增大（　　）。

A. 基本不变　　　B. 迅速减小　　　C. 迅速增大　　　D. 缓慢减小

课题二

半导体三极管与放大电路

三极管是一种非常重要的电子器件,由德国物理学家 Werner von Braun 于 20 世纪 50 年代发明。它是一种半导体器件,也被称为双极型晶体管,如图 2-1 所示。

三极管在电子技术领域中有着广泛的应用,为人们的生活带来了很多便利,如手机充电器、计算机电源等电子设备的正常工作,它的稳压电路就离不开三极管。

图 2-1 三极管

单元一 认识半导体三极管

三极管是电子电路的核心元件,具有电流放大作用等,在电子元件家族中,三极管属于半导体主动元件中的分立元件。它广泛应用于电子、通信、自动化控制等领域,被称为电子器件中的"万能管"。因此,研究三极管的原理、性能和应用具有非常重要的意义。

下面就一起来学习半导体三极管的相关知识。

学习目标

(1) 掌握半导体三极管的结构及特点。
(2) 掌握电流放大原理及三极管电流分配,并理解放大条件。
(3) 掌握三极管的伏安特性及 3 种工作状态。
(4) 了解三极管的基本参数。

半导体三极管也称为晶体三极管，简称三极管，它具有电流放大作用，是构成放大电路的主要器件。因此，由三极管组成的放大电路在实际电子设备中得到广泛应用，如收音机、电视机、扩音机，如图2-2所示。此外，在众多测量仪器及自动控制装置中也都用到了三极管。

（a）收音机　　　（b）电视机　　　（c）扩音机

图2-2　三极管应用实例

一、晶体三极管的结构及符号

三极管由两个PN结构成。在一块半导体基片上制作两个相距很近的PN结，两个PN结把整个半导体基片分成三部分，中间部分是基区，两侧部分是发射区和集电区。根据P型半导体和N型半导体的排列方式不同，可分为PNP型和NPN型两种。从3个区引出相应的电极，分别为基极B（或b）、发射极E（或e）和集电极C（或c）。发射区和基区之间的PN结叫发射结，集电区和基区之间的PN结叫集电结。如图2-3所示，图中箭头方向为发射结处在正向偏置时发射极电流的方向。

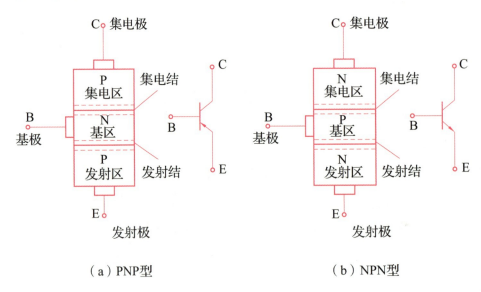

（a）PNP型　　　　　　　　　　（b）NPN型

图2-3　三极管的结构与电路图形符号

三极管的文字符号为VT，实物如图2-4所示。

三极管的种类很多，通常按以下方法进行分类。

（1）按半导体材料划分，可分为硅管和锗管。硅管工作稳定性优于锗管，因此当前生产和使用常用硅管。

（2）按三极管内部基本结构划分，可分为NPN型和PNP型两类。目前我国制造的硅管多为 NPN 型（也有少量 PNP 型），锗管多为 PNP 型。

（3）按用途划分，可分为普通放大管和开关管等。

（4）按功率大小划分，可分为小功率管、中功率管和大功率管。

（5）按工作频率划分，可分为超高频管、高频管、低频管。

（a）大功率低频三极管　　（b）中功率低频三极管　　（c）小功率低频三极管

图 2-4　三极管实物

二、晶体三极管的电流放大作用

下面首先通过一个实验来了解晶体三极管的电流放大作用。

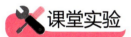

晶体三极管电流放大作用的测试

1. 实验目的

（1）了解三极管 3 个电极上电流 I_B、I_C、I_E 的分配关系。

（2）了解三极管电流放大作用的特点。

2. 实验内容

（1）按图 2-5 所示连接电路，给三极管两个 PN 结加上电压，则 3 个电流表分别显示三极管各极电流 I_B、I_C、I_E 的值。

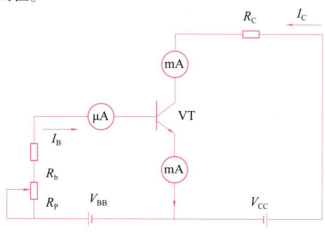

图 2-5　测试三极管电流放大作用电路

（2）调节 R_P 的值使 I_B 分别为表 2-1 中要求的各个值时，观测其他两个电流表的示值，将结果填入表 2-1 中，并完成填空题。

表 2-1 三极管各极电流

项目		1	2	3	4	5
$I_B/\mu A$		20	40	60	80	100
观测值	I_C/mA					
	I_E/mA					
计算值	I_B+I_C					
	I_C/I_B					

从实验结果可以看出，三极管的电流_____（I_B、I_C、I_E）对电流_____（I_B、I_C、I_E）有明显的控制作用，且 I_C/I_B 变化时_____（会/不会）发生明显变化。

3. 实验结论

（1）三极管 3 个电极上电流 I_B、I_C、I_E 的分配关系为

$$I_E = I_B + I_C$$

（2）基极电流 I_B 变化会引起集电极电流 I_C 跟着变化，I_C 受 I_B 控制，且 I_C/I_B 几乎保持不变，为一常数，三极管的这一特性称为直流电流放大作用。可用下面公式表示，即

$$\bar{\beta} = \frac{I_C}{I_B}$$

式中：$\bar{\beta}$ 为共发射极直流电流放大系数。

当三极管外加交流电压时，三极管的交流放大倍数为

$$\beta = \frac{\Delta i_C}{\Delta i_B}$$

4. 结论归纳

三极管是一个电流控制器件，用一个很小的基极电流就能控制一个大的集电极电流或发射极电流。基极电流能够控制集电极电流或发射极电流的放大，从而实现三极管对信号的放大作用，实现"以小控大"的作用，但并没有实现能量的放大。

若使三极管具有电流放大作用，必须具备相应的外部条件：要给三极管加上合适的工作电压，即保证发射结加正向电压、集电结加反向电压。满足电流放大的外部条件时，三极管 3 个电极上电位分布如表 2-2 所示。

表 2-2 三极管引脚电位关系

NPN 型管	PNP 型管
$U_C > U_B > U_E$	$U_C < U_B < U_E$

三、晶体三极管的伏安特性曲线

前面学习了二极管的伏安特性曲线，同样也可以通过伏安特性曲线来描述三极管各极电流与极间电压之间的关系。与二极管不同的是，三极管的伏安特性曲线分为输入特性曲线和输出特性曲线。

1. 三极管输入特性曲线

当输出电压 U_{CE} 一定时，反映输入电流 i_B 与输入电压 u_{BE} 之间关系的曲线如图2-6所示。

（1）在输入回路中，由于三极管的发射结是一个正向偏置的 PN 结，所以三极管的输入特性曲线与二极管的正向特性曲线非常相似。

（2）通常把三极管电流开始明显增加的发射结电压称为导通电压。在室温下，硅管的导通电压为 0.6~0.7 V，锗管的导通电压为 0.2~0.3 V。

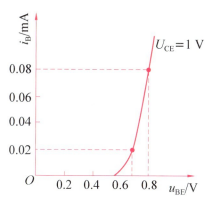

图2-6 三极管输入特性曲线

2. 三极管输出特性曲线

该曲线指当输入电流 I_B 一定时，反映输出电流 i_C 与输出电压 u_{CE} 之间关系的曲线。三极管输出特性曲线如图2-7所示，三极管的工作区域可以分为截止区、放大区和饱和区3种情况。

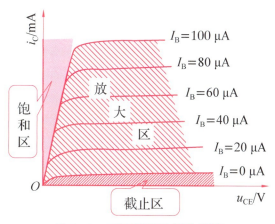

图2-7 三极管输出特性曲线

截止区：三极管的发射结和集电结均反偏。在此区域三极管失去了电流放大作用，相当于一个断开的开关。

放大区：三极管的发射结正偏、集电结反偏。在此区域三极管集电极电流受控于基极电流，三极管具有电流放大作用。

饱和区：三极管的发射结和集电结均正偏，i_C 不受 i_B 的控制，三极管失去了电流放大作用，相当于一个闭合开关。三极管饱和时 u_{CE} 的值称为饱和压降，记为 U_{CES}，小功率硅管的

U_{CES} 约为 0.3 V，锗管的 U_{CES} 约为 0.1 V。

四、晶体三极管的主要参数

晶体三极管的主要参数如表 2-3 所示。

表 2-3 晶体三极管的主要参数

参数		名称	说明
电流放大系数	$\bar{\beta}$	直流放大系数	反映晶体管电流放大能力强弱的参数，$\bar{\beta} = \dfrac{I_C}{I_B}$
	β	交流放大系数	反映晶体管电流放大能力的参数，$\bar{\beta} = \dfrac{\Delta i_C}{\Delta i_B}$。当输入正弦信号时，可用正弦量的瞬时值表示，即 $\beta = \dfrac{i_c}{i_b}$
反向饱和电流	I_{CBO}	集电极-基极反向饱和电流	三极管发射极开路时，从集电极流到基极的电流
	I_{CEO}	集电极-发射极反向饱和电流（穿透电流）	三极管基极开路时，集电极与发射极之间加上规定的电压，从集电极流到发射极的电流
极限参数	I_{CM}	集电极最大允许电流	如果集电极电流 i_C 超过 I_{CM}，则三极管的 β 值将下降到正常值的 2/3 以下，甚至可能烧坏
	P_{CM}	集电极最大允许耗散功率	集电极允许的最大功率。若超过此值，三极管的性能会下降或烧坏
	$U_{(BR)CEO}$	集电极-发射极反向击穿电压	基极开路时，集电极与发射极之间所能承受的最高反向电压，若 u_{CE} 超过此值，会使三极管被击穿

三极管的测量

步骤 1：识别三极管外壳上标注字符的含义。

步骤 2：根据三极管的型号，查阅相关元件手册，识别其相关参数，并填入表 2-4 中。

步骤 3：用万用表估测三极管，判别三极管的极性、材料和 β 值，并填入表 2-4 中。

表 2-4　检测结果

型号	类型		参数			
	材料	极性	β 值	P_{CM}	I_{CM}	$U_{(BR)CEO}$

知识回顾

（1）工作在放大区的某三极管，当 $I_{B1}=40\ \mu A$ 时 $I_{C1}=1\ mA$，当 $I_{B2}=60\ \mu A$ 时 $I_{C2}=2.2\ mA$，则其 β 值为（　　）。

　　A. 稳压　　　　　　B. 整流　　　　　　C. 滤波　　　　　　D. 变压

（2）某 NPN 型三体管 C、E、B 的电位分别是 2.3 V、2 V、2.7 V，则该管工作在（　　）。

　　A. 放大状态　　　　B. 截止状态　　　　C. 饱和状态　　　　D. 击穿状态

（3）三极管放大的原理是它可以产生能量。（　　）

（4）要使三极管具有电流放大作用，那么三极管的各电极电位一定要满足以下关系：$U_C>U_B>U_E$。（　　）

（5）测得工作在放大电路中几个三极管 3 个电极电位 u_1、u_2、u_3 分别为下列各组数值。判断它们是 NPN 型还是 PNP 型，是硅管还是锗管，并确定电极 E、B、C。

　　A. $u_1=3.5\ V$、$u_2=2.8\ V$、$u_3=12\ V$　　　　B. $u_1=3\ V$、$u_2=2.8\ V$、$u_3=12\ V$

　　C. $u_1=6\ V$、$u_2=11.3\ V$、$u_3=12\ V$　　　　D. $u_1=6\ V$、$u_2=11.8\ V$、$u_3=12\ V$

（6）（2020 年高考题）NPN 型三极管内部 PN 结的数目是（　　）。

　　A. 1　　　　　　　B. 2　　　　　　　C. 3　　　　　　　D. 4

（7）（2020 年高考题）工作在放大状态的 NPN 型三极管，$I_B=50\ \mu A$、$I_C=9.5\ mA$，则 I_E 的大小是（　　）。

　　A. 9.25 mA　　　　B. 9.35 mA　　　　C. 9.45 mA　　　　D. 9.55 mA

单元二　认识三极管放大电路

在日常生活中，人们往往使用音箱、扩音器工具等让声音变大，其原理就是利用放大电路将音频信号进行放大处理。图 2-8 展示的就是一种三极管放大电路。该电路利用了三极管的放大功能，可以用来简单区分火线和零线。

三极管放大电路是以三极管为核心的放大电路，具有结构简单、成本低廉、放大系数高、性能稳定等优点，因此被广泛应用于各种电子设备和系统中，如音频放大器、电视机以及医疗设备等，在工业、交通、通信等领域也有着广泛的应用。

下面就一起来学习三极管放大电路的相关知识。

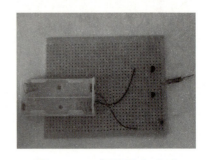

图 2-8　三极管放大电路

学习目标

（1）掌握基本放大电路的组成。
（2）了解放大器的静态工作点的含义及计算。
（3）理解直流通路与交流通路的含义及画法。
（4）掌握基本放大电路的分析方法。

放大电路习惯上也称为放大器，是电子电路中应用最广泛的电路之一，收音机、电视机、扩音机都是放大电路的典型应用，图 2-9 所示为扩音机外形。首先话筒把声音信号转换为电信号，然后经扩音机内部的放大电路对其放大后，送给扬声器，最后扬声器又把被放大的电信号还原成了声音信号。

图 2-9　扩音机外形

一、放大电路的基础知识

放大电路的概念：能把外界送入的微弱电信号不失真地放大至所需数值，并送给负载的电路就称为放大电路。

1. 放大电路的分类

（1）按信号的大小划分，可分为小信号放大器和大信号放大器。
（2）按信号的频率划分，可分为直流放大器、低频放大器、中频放大器、高频放大器等。
（3）按放大器的构成形式划分，可分为分立元件放大器和集成电路放大器。
（4）按用途划分，可分为电压放大器、电流放大器和功率放大器。

2. 放大器的框图

实际放大器的类型各种各样，但都可以用图 2-10（a）所示的框图表示，即放大器由信号源、放大电路、直流电源和负载四部分组成。其中信号源代表欲放大的弱小电信号；负载代表实际用电设备（如扬声器、显像管等），如图 2-10（b）所示。

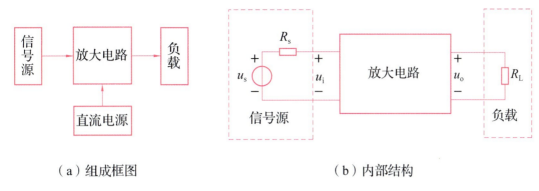

(a)组成框图　　　　　　　　　　(b)内部结构

图 2-10　放大器的组成框图及内部结构

3. 放大电路的主要性能指标

（1）电压放大倍数 A_u：放大器的输出电压有效值 U_o 与输入电压有效值 U_i 的比值，定义式为

$$A_u = \frac{U_o}{U_i}$$

（2）电流放大倍数 A_i：是指放大器的输出电流有效值 I_o 与输入电流有效值 I_i 的比值，定义式为

$$A_i = \frac{I_o}{I_i}$$

（3）功率放大倍数 A_p：是指放大器的输出功率 P_o 与输入功率 P_i 的比值，定义式为

$$A_p = \frac{P_o}{P_i}$$

（4）输入电阻 R_i：为放大器输入端（不含信号源内阻 R_s）的交流等效电阻，如图 2-11 所示。输入电阻的阻值等于输入电压与输入电流之比，即

$$R_i = \frac{u_i}{i_i}$$

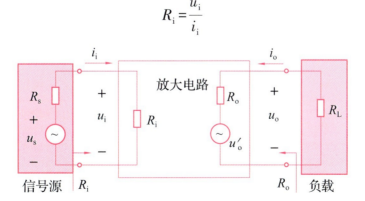

图 2-11　输入电阻 R_i 和输出电阻 R_o

一般来说，输入电阻越大越好。因为输入电阻越大，放大电路向信号源索取的电流就越小。

（5）输出电阻 R_o：放大器输出端（不含外接负载电阻 R_L）的交流等效电阻，它的电阻值

等于输出电压与输出电流之比，即当 $R_L = \infty$、$u_s = 0$ 时，可得

$$R_o = \frac{u_o}{i_o}$$

一般来说，输出电阻越小越好。因为输出电阻越小，放大电路带负载的能力越强，且负载变化时对放大器影响越小。

二、共发射极单管放大电路

图 2-12 所示为一个共发射极（以下简称共射）单管放大电路。电路中只有一个三极管作为放大器件。输入回路与输出回路的公共端是三极管的发射极，所以称为共发射极单管放大电路。共发射极单管放大电路各组成元件的作用见表 2-5。

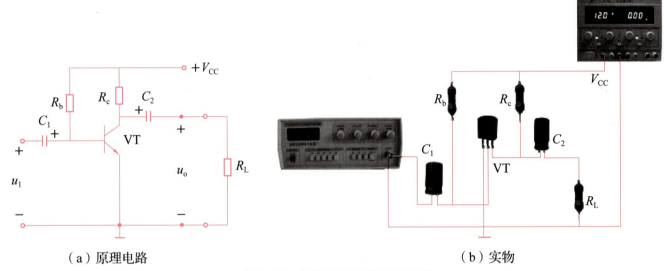

（a）原理电路　　　　　　　　　　　　　（b）实物

图 2-12　共发射极单管放大电路

表 2-5　共发射极单管放大电路各组成元件的作用

元件名称	电路符号	作用及说明	
三极管	VT	放大器的核心，实现电流放大作用	
直流偏置电源	V_{CC}	使发射结正偏、集电结反偏，保证三极管工作在放大状态	
基极偏置电阻	R_b	电源电压通过 R_b 给基极提供合适的偏置电流（R_b 阻值一般为几十千欧至几百千欧）	
集电极负载电阻	R_c	（1）电源通过 R_c 给集电极供电； （2）将集电极电流的放大转化为电压的放大	
输入耦合电容	C_1	（1）隔直通交； （2）一般选用电解电容，取值为几微法到几十微法	避免放大电路输入端与信号源之间相互影响
输出耦合电容	C_2		避免放大电路输出端与负载之间直流电的相互影响

1. 电路的工作原理

1）放大器的静态工作点

（1）静态：指放大器没有交流输入信号时放大电路的直流工作状态。

（2）动态：指放大器有交流信号输入时放大电路的工作状态。

（3）静态工作点：在静态情况下，放大器输入端的电流 I_{BQ} 和电压 U_{BEQ} 及输出端的电流 I_{CQ} 和电压 U_{CEQ} 在三极管输入输出特性曲线簇上所确定的点，用 Q 表示，如图 2-13 所示。

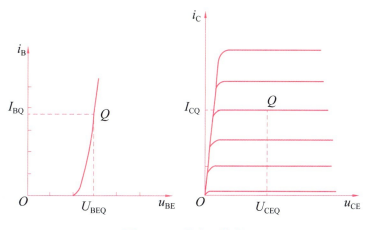

图 2-13 静态工作点

2）设置合适静态工作点的必要性

只有当放大器静态工作点在放大区时，三极管才能不失真地对信号进行放大。若放大器的 Q 点设置不合适，将导致放大输出的信号产生失真。例如，在音频放大器中表现为声音失真，在电视扫描放大电路中表现为图像比例失真。因 Q 点设置不合适引起的失真主要有截止失真和饱和失真两类。一般来说，Q 点总是设在三极管输出特性曲线放大区的中央。Q 点过高或过低都将造成输出信号产生失真，可以通过调节电阻 R_b 来解决，如表 2-6 所示。

表 2-6 非线性失真

Q 点位置	输出波形	波形特点	失真情况	解决办法（调节 R_b）
合适		完整	不失真	不需要
过低		正半周失真（顶部被削去）	截止失真	减小 R_b
过高		负半周失真（底部被削去）	饱和失真	增大 R_b

3）放大器的工作原理

在共发射极单管放大电路中，如图 2-14 所示，输入弱小的交流信号，通过电容 C_1 的耦合送到三极管的基极和发射极，相当于基-射极间电压 u_{BE} 发生了变化，于是 i_B、i_C、u_{CE} 随之发生变化。u_{CE} 通过电容 C_2 隔离了直流成分，输出的只是放大的交流成分 u_o，且 u_o 与 u_i 反相。

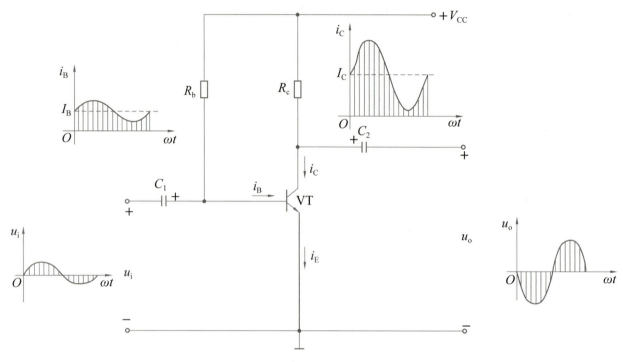

图 2-14　放大器各处的电压、电流的波形

2. 归纳

在共发射极单管放大电路中，输出信号电压与输入信号电压频率相同，相位相反，幅值被放大，所以这种电路除了有电压放大作用外还有电压倒相作用。

三、放大电路的分析

为了进一步理解放大电路的性能，需要对放大电路进行必要的定量分析。例如，静态工作点是否合适、电路放大倍数如何估算等问题。由于交流放大电路中同时存在着直流分量和交流分量，为了分析方便，常将直流分量和交流分量分开研究，下面介绍放大电路的直流通路和交流通路。

1. 画直流通路和交流通路

（1）直流通路：指静态时放大电路直流电流通过的路径，以图 2-14 所示的共发射极放大电路为例，其直流通路如图 2-15（a）所示。画直流通路的原则是将交流电源视为短路、电容视作开路。

（2）交流通路：指输入交流信号时放大电路交流信号流通的路径，还以共射极放大电路为例，其交流通路如图 2-15（b）所示。交流通路的原则是将直流电源、电容视作短路。

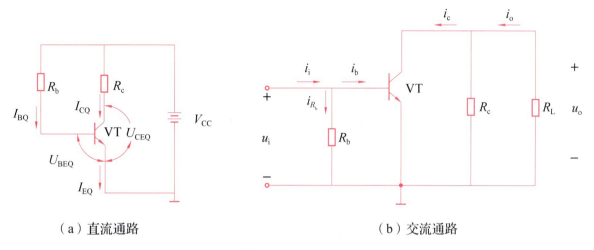

（a）直流通路　　　　　　　　　　　　（b）交流通路

图 2-15　共发射极放大电路的交、直流通路

例题　画出图 2-16 所示放大电路的直流通路和交流通路。

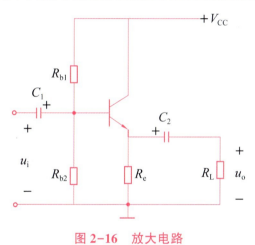

图 2-16　放大电路

解：画直流通路的原则是将交流信号视为零、电容视作开路，画交流通路的原则是将直流电源、电容视作短路。画法如图 2-17 所示。

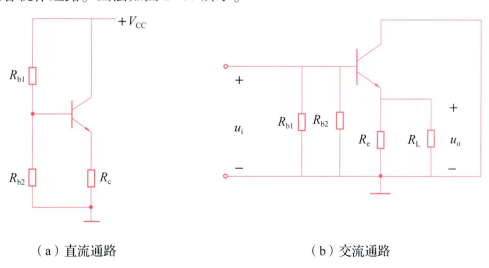

（a）直流通路　　　　　　　　　　　　（b）交流通路

图 2-17　放大电路的交、直流通路

2. 静态工作点的近似计算

静态时，放大电路中各处的电压、电流均为直流量。对直流通路做电路分析，求解输入输出电路的电流、电压即放大电路的静态分析，从而确定出静态工作点 Q。静态工作点的近似计算，是指在一定条件下，忽略次要因素后，用公式近似计算出静态工作点 Q。

下面以共发射极单管放大电路为例进行讲解。

共发射极单管放大电路的直流通路如图 2-15（a）所示，设电路参数 V_{CC}、R_b、R_c 和三极管放大倍数为已知，忽略三极管的 U_{BEQ}（硅管 $U_{BEQ} \approx 0.7$ V，锗管 $U_{BEQ} \approx 0.3$ V）可得

$$I_{BQ} = \frac{V_{CC} - U_{BEQ}}{R_b} \approx \frac{V_{CC}}{R_b}$$

$$I_{CQ} = \beta I_{BQ}$$

$$U_{CEQ} = V_{CC} - I_{CQ} R_c$$

由上述公式求得的 I_{BQ}、I_{CQ} 和 U_{CEQ} 即是在输入输出特性曲线上静态工作点 Q 对应的坐标值。

静态工作点对放大波形的影响探究

步骤 1：根据图 2-18 所示连接实验电路。

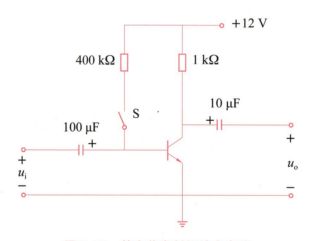

图 2-18 基本共发射极放大电路

步骤 2：u_i 端接入 50 mV、1 kHz 的正弦波信号，u_o 端接示波器，观察输出的电压放大波形。

步骤 3：断开开关 S，观察示波器波形并将波形记录在表 2-7 中。

步骤 4：闭合开关 S，观察示波器波形并将波形记录在表 2-7 中。

表 2-7 波形记录表

[空白记录表]

思考：步骤 3 和步骤 4 分别对应电路不设置静态工作点和电路设置静态工作点的情况，根据记录的波形分析步骤 3 中波形产生的原因。

知识回顾

（1）基本共发射极放大电路中的集电极电阻 R_c 的主要作用是（　　）。

A. 实现电流放大　　　B. 提高输出电阻　　　C. 实现电压放大　　　D. 都不对

（2）单管基本放大电路出现饱和失真时，应使 R_b 的阻值（　　）。

A. 增大　　　　　　　B. 减小　　　　　　　C. 不变　　　　　　　D. 不确定

（3）在放大电路中，通常用作调整静态工作点的元件是（　　）。

A. 基极偏置电阻　　　B. 集电极电阻　　　　C. 电源　　　　　　　D. 三极管

（4）设置静态工作点的目的是使信号在整个周期内不发生非线性失真。（　　）

（5）交流通路是放大器的_____等效电路，是放大器_____信号的流经途径。它的画法是，将_____和_____视为短路，其余元器件照画。

单元三　认识稳定工作点的放大电路

　　半导体器件对温度非常敏感，温度变化引起晶体管的参数变化是放大电路静态工作点不稳定的主要因素。静态工作点不稳定，会导致放大电路出现失真，影响放大电路的正常工作。为了能够稳定静态工作点，往往会采用图 2-19 所示的稳定工作点的放大电路，如分压偏置共发射极放大电路。

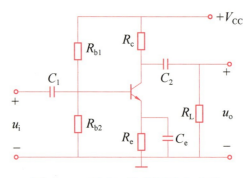

图 2-19 稳定工作点的放大电路

下面就一起来学习稳定工作点的放大电路的相关知识。

学习目标

（1）掌握分压偏置放大电路的结构及工作原理。
（2）掌握静态工作点的计算。
（3）掌握动态分析及计算。

一、温度对静态工作点的影响

实验表明，温度升高会造成三极管的特性参数发生变化，主要会引起 I_{CQ} 增大，造成静态工作点不稳定。

（1）温度升高，特性参数 I_{CBO} 增大，导致 I_{CQ} 增大。
（2）温度升高，特性参数 β 值增大，即使 I_B 不变，由于 $I_C = \beta I_B$，则 I_{CQ} 增大。
（3）温度升高，特性参数 U_{BEQ} 下降，由于 $I_{BQ} = \dfrac{V_{CC} - U_{BEQ}}{R_b}$，则 I_{CQ} 增大。

可见，共发射极基本放大电路受温度影响极易造成静态工作点不稳定。因此，在实际应用中很少采用。为了能自动稳定静态工作点，常采用分压式偏置放大电路和射极偏置电路。

二、分压式偏置放大电路

1. 电路的组成

分压式偏置放大电路及实物如图 2-20 所示。其中，基极下偏置电阻 R_{b2} 可以使电源电压 V_{CC} 经 R_{b1} 与 R_{b2} 串联分压后为基极提供稳定电压 U_B，发射极电阻的作用是稳定静态电流 I_C，发射极旁路电容 C_e 的作用是提供交流信号的通道，减少信号的损耗，使放大器放大能力不会因为 R_e 而降低。

2. 稳定静态工作点的原理

（1）温度升高，引起 I_{CQ} 增大，则 I_{EQ} 流经 R_e，产生的电压 U_{EQ} 也随之增大。

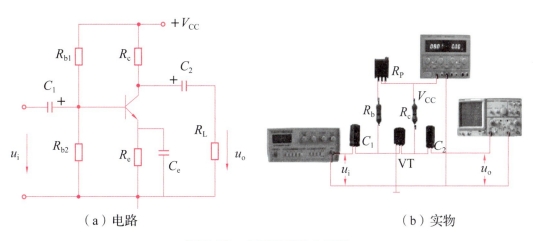

（a）电路　　　　　　　　　　　　（b）实物

图 2-20　分压偏置放大电路

（2）而 $U_{EQ}=U_{BQ}-U_{BEQ}$，因为 U_{BQ} 是电源电压 V_{CC} 经 R_{b1}、R_{b2} 串联分压后得到的稳定电压，所以 U_{BEQ} 将减小。此时，I_{BQ} 减小，I_{CQ} 也将减小。

上述过程可表示为：

$$T（温度）\uparrow（或 \beta \uparrow）\to I_{CQ}\uparrow \to I_{EQ}\uparrow \to U_{EQ}\uparrow \to U_{BEQ}\downarrow \to I_{BQ}\downarrow$$
$$I_{CQ}\downarrow \longleftarrow$$

所以，分压式偏置放大电路具有自动调整功能，当 I_{CQ} 要增加时，电路不让其增加；当 I_{CQ} 要减小时，电路不让其减小；从而迫使 I_{CQ} 稳定。所以，该电路具有稳定静态工作点的作用。

3. 静态工作点的估算

分压式偏置放大电路的直流通路如图 2-21 所示，则有

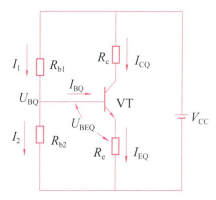

图 2-21　分压式偏置放大电路的直流通路

$$U_{BQ}=\frac{R_{b2}}{R_{b1}+R_{b2}}V_{CC}$$

$$I_{CQ}\approx I_{EQ}=\frac{U_{BQ}-U_{BEQ}}{R_e}\approx \frac{U_{BQ}}{R_e}$$

$$I_{BQ}=\frac{I_{CQ}}{\beta}$$

$$U_{CEQ}=V_{CC}-I_{CQ}(R_c+R_e)$$

实践环节

分压式偏置共发射极放大电路探究

步骤 1：根据图 2-22 所示连接实验电路。

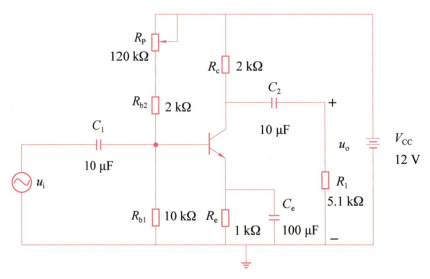

图 2-22 分压式偏置共发射极放大电路

步骤 2：调节电位器 R_P，使 $U_{CEQ}=\dfrac{1}{2}V_{CC}$，测量各静态工作点参数并记录在表 2-8 中。

表 2-8 各静态工作点参数

I_{BQ}	I_{CQ}	U_{BEQ}	U_{CEQ}

步骤 3：在输出不失真的情况下，输入正弦波信号 u_i，测量输出电压 u_o 的大小，计算该电路的电压放大倍数 A_u。

思考：分压式偏置共发射极放大电路如何调整静态工作点？

知识回顾

（1）在分压式偏置放大电路中，若更换晶体管 β 由 50 变为 100，则该电路的电压放大倍数（　　）。

A. 约为原来的 1/2　　　　　　　　B. 基本不变

C. 约为原来的 2 倍　　　　　　　　D. 约为原来的 4 倍

（2）固定式偏置共发射极放大电路的电压放大倍数随负载电阻的增大而（　　）。

A. 增大　　　B. 减小　　　C. 不变　　　D. 不确定

（3）（2019 年高考题）在绘制分压式偏置共发射极放大电路的交流通路时，处理正确的是（　　）。

A. 电源开路　　　B. 集电极接地　　　C. 电容短路　　　D. 电容开路

单元四　认识多级放大器

在工业自动化领域，需要通过传感器采集相应的信号进行传输、处理。但传感器采集的信号往往是非常微弱的，而由单个三极管构成的放大电路其放大倍数是有限的，这时往往采用传感器放大器将信号放大到理想状态，满足信号传输的需求。传感器放大器外形如图 2-23 所示，其核心就是多级放大器。

下面就一起来学习多级放大器的相关知识。

图 2-23　传感器放大器

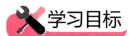

（1）掌握多级放大器的耦合方式。
（2）掌握多级放大器的输入电阻、输出电阻和电压放大倍数的计算。

在实际应用中，放大电路的输入信号通常很微弱（毫伏或微伏数量级），为了使放大后的信号能够驱动负载，仅仅通过单管放大电路进行信号放大很难达到实际要求，常常需要采用多级放大电路。采用多级放大电路可有效提高放大电路的各种性能，如提高电路的电压增益、电流增益、输入电阻、带负载能力等。

一、多级放大器的组成

1. 定义

多级放大电路是指由两个或两个以上的单级放大电路所组成的电路。图 2-24 所示为多级放大电路的组成框图。

图 2-24　多级放大电路的组成框图

2. 各级作用

通常称多级放大电路的第一级为输入级。对于输入级，一般采用输入阻抗较高的放大电路，以便从信号源获得较大的电压输入信号并对信号进行放大。中间级主要起放大作用，后一级称为输出级，主要用于功率放大，以驱动负载工作。

3. 多级放大电路的耦合方式

在多级放大电路中，各级放大电路输入和输出之间的连接方式称为耦合方式。常见的连接方式有 3 种，即阻容耦合、直接耦合和变压器耦合。

二、多级放大器的简单分析

（1）电压放大倍数 A_u：多级放大电路的电压放大倍数等于各单级放大电路电压放大倍数的乘积，即

$$A_u = A_{u1} \cdot A_{u2} \cdot A_{u3} \cdot \cdots \cdot A_{un}$$

（2）输入电阻 R_i：多级放大电路的输入电阻，等于从第一级放大电路的输入端所看到的等效输入电阻 R_{i1}，即

$$R_i = R_{i1}$$

（3）输出电阻 R_o：多级放大电路的输出电阻 R_o 等于从最后一级（末级）放大电路的输出端所看到的等效电阻 R_{on}，即

$$R_o = R_{on}$$

三、多级放大电路的耦合方式

多级放大电路中每个单管放大电路称为"级"，级与级之间的连接方式叫耦合。表 2-9 列举了 3 种常用耦合方式的比较。

表 2-9　3 种常用耦合方式的比较

名称	电路	特点
直接耦合	前级放大器 → 后级放大器	（1）无耦合元器件。 （2）能够耦合直流和交流信号，低频特性好。 （3）直流放大器必须采用这种耦合电路。 （4）前级和后级放大器之间的直流电路相连，电路设计和故障维修难度增加
阻容耦合	前级放大器 —C— 后级放大器	（1）只用一只容量足够大的耦合电容，要求耦合电容对信号的容抗接近于零。信号频率高时耦合电容容量小，反之电容容量大。 （2）低频特性不很好，不能用于直流放大器中。 （3）前级放大器和后级放大器之间的直流电路被隔离，电路设计和故障维修难度下降
变压器耦合	前级放大器 —T— 后级放大器	（1）采用变压器耦合，成本较高。 （2）能够隔离前、后级放大器之间的直流电路。 （3）低频和高频特性不好

多级放大器电压放大倍数探究

步骤1：根据图 2-25 所示连接实验电路。其中，$\beta_1 = \beta_2 = 40$，$R_{b1} = R_{b2} = 300$ kΩ，$R_{c1} = R_{c2} = R_L = 2$ kΩ，$V_{CC} = 12$ V。

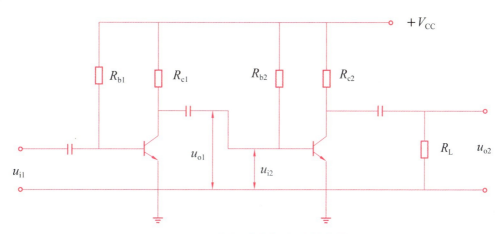

图 2-25 多级放大电路实验电路

步骤2：在 u_{i1} 端接入正弦波信号，u_{o1} 端接示波器，记录输出的电压幅值，计算第一级放大电路的电压放大倍数 A_{u1}，并填入表 2-10 中。

步骤3：在 u_{i2} 端接入正弦波信号，u_{o2} 端接示波器，记录输出的电压幅值，计算第二级放大电路的电压放大倍数 A_{u2}，并填入表 2-10 中。

步骤4：计算两级放大电路总的电压放大倍数 A_u 并填入表 2-10 中。

表 2-10 实验数据记录

第一级放大电路		第二级放大电路		两级放大电路	
输入电压 U_{i1}	输出电压 U_{o1}	输入电压 U_{i2}	输出电压 U_{o2}	输入电压 U_{i1}	输出电压 U_{o2}
A_{u1}		A_{u2}		A_u	

步骤5：求出 A_{u1} 和 A_{u2} 的乘积，并与 A_u 进行比较。

思考：多级放大电路的电压放大倍数是否等于各单级放大电路电压放大倍数的乘积？

知识回顾

（1）某三级放大电路，每级电压放大倍数为 A_u，则总的电压放大倍数为（　　）。

A. $3A_u$ 　　　　　　B. A_u^3 　　　　　　C. $A_u/3$ 　　　　　　D. A_u

(2)（2006年高考题）两级阻容耦合放大电路，各级的输入电阻分别是 R_{i1} = 1.2 kΩ，R_{i2} = 1.2 kΩ，则总的输入电阻为（　　）。

　　A. 1.2 kΩ　　　　　　B. 1.5 kΩ　　　　　　C. 1.8 kΩ　　　　　　D. 2.7 kΩ

(3)（2018年高考题）在多级放大电路中，各级静态工作点相互影响的耦合方式是（　　）。

　　A. 阻容耦合　　　B. 直接耦合　　　C. 变压器耦合　　　D. 光电耦合

(4) 多级级间放大电路耦合方式有_____、_____和_____3种。

单元五　认识共集电极、共基极放大电路

在多级放大器设计中，往往会接触到共发射极放大电路之外的其他形式的放大电路，如共基极放大电路、共集电极放大电路。其中，共集电极放大电路也称为射极输出器，它是多级放大器中的"万金油"电路，可以用在多级放大器第一级，减轻信号源负担；也可以用在末级，提高带负载能力；还可以用在两级放大电路之间，起阻抗匹配的作用。

下面就一起来学习共基极、共集电极放大电路的相关知识。

理解共集电极和共基极放大电路的电路特点。

一、共集电极放大电路

如图2-26所示，输入信号是由三极管的基极与集电极两端输入，再由三极管的发射极与集电极两端获得输出信号。因为集电极是共同接地端，所以称为共集电极放大电路。

共集电极放大电路的输入电阻大、输出电阻小，因而从信号源索取的电流小且带负载能力强，所以常用于多级放大电路的输入级和输出级；也可用它连接两级电路，减少电路间直接相连所带来的影响，起缓冲作用。

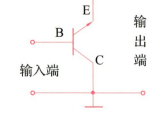

图2-26　共集电极接法

二、共基极放大电路

如图2-27所示，输入信号是由三极管的发射极与基极两端输入的，再由三极管的集电极与基极两端获得输出信号。因为基极是共同接地端，所以称为共基极放大电路。

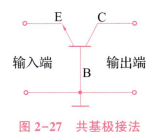

图 2-27 共基极接法

共基极放大电路有很低的输入电阻，易使输入信号严重失真且频宽很大，输出电阻高，共基极电路的最大优点是频带宽，因而常用于无线电通信等方面。

共集电极放大电路电压放大倍数探究

步骤 1：根据图 2-28 所示连接实验电路。

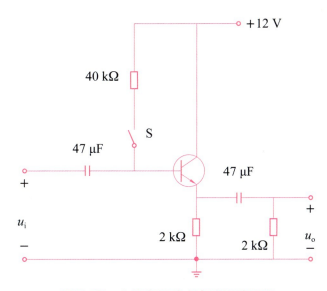

图 2-28 共集电极放大电路实验原理

步骤 2：u_i 端接入 500 mV、1 kHz 的正弦波信号。

步骤 3：u_i、u_o 端接入双踪示波器，将输入电压波形和输出电压波形记录在表 2-11 中，并比较两个电压波形。

表 2-11 输入电压波形和输出电压波形记录表

续表

思考：（1）共集电极放大电路的电压放大倍数有什么特点？

（2）共集电极放大电路是否具有放大能力？

知识回顾

（1）（2013年高考题）关于射极输出器，不正确的说法是（　　）。

A. 电压放大倍数略小于1　　　　　　B. 有功率放大作用

C. 输入阻抗大　　　　　　　　　　　D. 输出电压和输入电压反相

（2）（2020年高考题）射极输出器属于（　　）。

A. 反向放大电路　　　　　　　　　　B. 共发射极放大电路

C. 共集电极放大电路　　　　　　　　D. 共基极放大电路

（3）共基极放大电路由集电极输入、发射极输出，且输入输出同相位。（　　）

（4）共集电极放大电路没有电流放大作用。（　　）

（5）由于输入和输出电路公共端的选择不同，放大器存在3种基本组合状态：_____、_____、_____。共集电极放大电路又称为_____，其电压放大倍数_____。

单元六　认识场效应管

在放大电路应用领域，场效应管凭借其低功耗、性能稳定、抗辐射能力强等优势，在集成电路中已经有逐渐取代三极管的趋势。

与三极管不同，场效应管仅靠半导体中的多数载流子导电，又称单极型晶体管。它具有高输入电阻、低噪声、低功耗等优点，因此广泛应用于各种电子电路中，如放大器、模拟和数字开关、振荡器以及ADC、DAC等转换器的输入保护和驱动电路等。

下面就一起来学习场效应管的相关知识。

课题二 半导体三极管与放大电路

学习目标

(1) 了解场效应管的类型结构和分类。

(2) 了解场效应管的放大作用。

场效应晶体管简称场效应管（FET），与三极管一样，具有放大能力。但三极管是一种流控制器件，它是以基极电流的微小变化而引起集电极电流的较大变化；而场效应管是一种电压控制器件，即流入的漏极电流 i_D 受栅-源电压 u_{GS} 控制。它具有体积小、质量轻、耗电省、寿命长、输入阻抗高、噪声低、热稳定性好、抗干扰辐射能力强等优点，因而应用范围广，可用于多级放大器的输入级作阻抗变换、可变电阻。场效应管实物如图 2-29 所示。按结构的不同，场效应管分为结型场效应管（JFET）和绝缘栅场效应管（MOSFET）。场效应管的分类如图 2-30 所示。

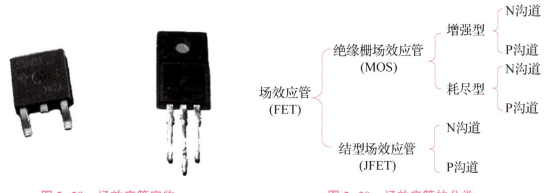

图 2-29 场效应管实物　　　　图 2-30 场效应管的分类

一、场效应管的结构及符号

场效应管一般具有 3 个极（双栅管有 4 个极），即栅极 G、源极 S 和漏极 D，它们的功能分别对应于双极型三极管的基极 B、发射极 E 和集电极 C。

场效应管的结构及符号：图 2-31 所示为增强型 N 沟道绝缘栅场效应管的结构图。表 2-12 所列为各种场效应管的电路符号。

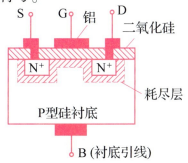

图 2-31 增强型 N 沟道绝缘栅场效应管

表 2-12 场效应管的电路符号

名称	绝缘栅场效应管				结型场效应管	
	增强型 N 沟道	增强型 P 沟道	耗尽型 N 沟道	耗尽型 P 沟道	N 沟道	P 沟道
电路符号	（D,G,B,S 符号）	（D,G,B,S 符号）	（D,G,B,S 符号）	（D,G,B,S 符号）	（D,G,S 符号）	（D,G,S 符号）

场效应管的转移特性曲线和输出特性曲线可以描述场效应管的基本特性，下面以结型场效应管为例进行介绍。

转移特性曲线：指当漏-源电压 U_{DS} 为某一定值时，漏极电流 i_D 受栅-源电压 u_{GS} 控制的关系，如图 2-32（a）所示。

输出特性曲线：指当栅-源电压 U_{GS} 为某一定值时，漏极电流 i_D 随漏-源电压 u_{DS} 变化的关系曲线，如图 2-32（b）所示。

结型场效应管有 3 个工作区，即可变电阻区、放大区和击穿区。

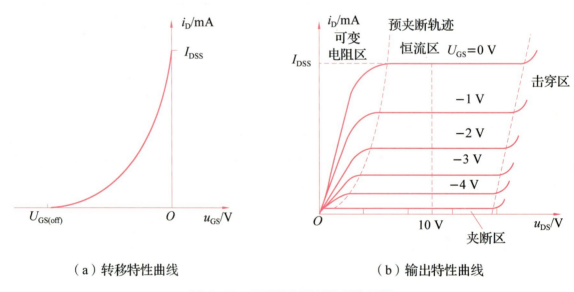

（a）转移特性曲线　　　　（b）输出特性曲线

图 2-32　结型场效应管的特性曲线

二、场效应管电压放大作用

场效应管具有放大作用。图 2-33 所示为场效应管放大器，输入信号 u_i 经 C_1 耦合至场效应管 VT 的栅极，与原来的栅极负偏压相叠加，使其漏极电流 i_D 相应变化，并在负载电阻 R_d 上产生压降，经 C_2 隔离直流后输出，在输出端即得到放大了的信号电压 u_o。i_D 与 u_i 同相，u_o 与 u_i 反相。由于场效应管放大器的输入阻抗很高，因此耦合电容容量可以较小，不必使用电解电容器。

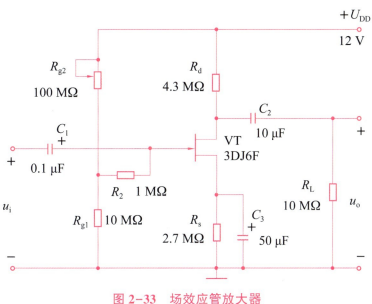

图 2-33　场效应管放大器

三、场效应管的使用注意事项

（1）场效应管栅-源极之间的电阻很高，因此，保存场效应管应使 3 个电极短接，避免栅极悬空。焊接时，电烙铁的外壳应良好接地，或烧热电烙铁后切断电源再焊。

（2）有些场效应管将衬底引出，故有 4 个引脚，这种管子漏极与源极可互换使用。但有些场效应管在内部已将衬底与源极接在一起，只引出 3 个电极，这种管子的漏极与源极不能互换。

（3）使用场效应管时各极必须加正确的工作电压。

（4）在使用场效应管时，要注意漏-源电压、漏-源电流及耗散功率等，不要超过规定的最大允许值。

场效应管放大电路探究

步骤 1：根据图 2-34 所示连接实验电路。

步骤 2：在 u_i 端输入 50 mV、1 kHz 的正弦波信号，调整可调电阻 R_P 阻值，u_o 端接示波器，观察输出波形的变化。

步骤 3：调整可调电阻 R_P 直到输出电压波形幅度最大且不失真为止，并将波形记录在表 2-13 中。

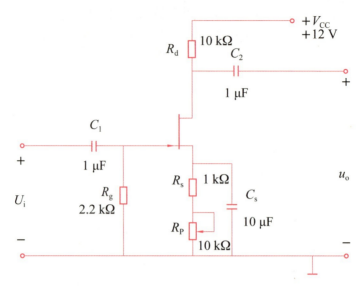

图 2-34 场效应管放大实验电路

表 2-13 波形记录表

思考：如何调整场效应晶体管放大电路的静态工作点？

知识回顾

（1）场效应管与三极管都可以实现放大作用，但场效应管的突出优点是输入电阻高。（　　）

（2）因为场效应管只有多数载流子参与导电，所以其热稳定性强。（　　）

（3）场效应管是利用_____来控制输出电流的器件，称为_____型器件。根据结构和工作原理不同，场效应管可分为_____和_____两种类型。

（4）场效应管也有 3 个电极，分别叫_____、_____和_____。

课题三

直流放大器与集成运算放大器

> 在医疗领域，往往需要采集生物电信号，进而根据采集信号进行分析、成像、诊断。生物电信号往往很弱，而且变化缓慢，含有直流成分，不能直接使用，需要经直流放大器放大后才便于检测、记录和处理。

单元一　直流放大器

直流放大器是一种电子放大器，用于增大输入信号的幅度，并保持输入和输出之间的直流偏置电平不变。它在各种电子设备中广泛应用，包括音频放大器、功率放大器和运算放大器等，因为其级间必须采用导线或电阻等通过直流元件连接起来，所以，也称为直接耦合放大器。直流放大器常用于测量仪表。图 3-1 展示的就是应用直流放大器的医学仪器。

图 3-1　应用直流放大器的医学仪器

下面就一起来学习直流放大器的相关知识。

学习目标

（1）了解直流放大器的级间耦合问题。
（2）理解零点漂移及产生的原因。
（3）掌握抑制零点漂移的措施。

这种用来放大缓慢变化的信号或某个直流量变化（统称为直流信号）的放大电路，称为直流放大器。实际上，直流放大器不是仅仅用来放大直流信号，它还可以放大不同频率的交流信号。为此，它必须具有图 3-2（a）所示的幅频特性。为了比较，还给出了阻容耦合放大器的幅频特性，如图 3-2（b）所示。

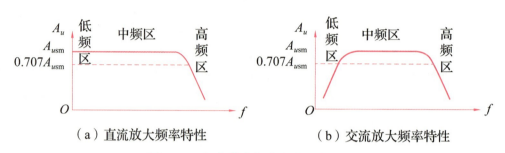

（a）直流放大频率特性　　　　　　（b）交流放大频率特性

图 3-2　直流放大电路频率特性比较

由图 3-2 可知，直流放大器比阻容耦合放大器在低频端有更好的幅频特性。但由于采用了直接耦合方式，它也存在一些特殊问题。

一、前后级静态工作点的相互影响

在阻容耦合或变压器耦合的交流放大器中，各级静态工作点是各自独立、互不影响的。直流放大器采用直接耦合方式，因而带来了前后级静态工作点相互影响、相互牵制的特殊问题。

由图 3-3 可看出，VT$_1$ 的集电极电位与 VT$_2$ 的基极电位相等。因 U_{BE2} 很小，容易引起 VT$_1$ 的饱和，使第一级放大电路不能正常工作。从而失去了放大功能。因此，在实际应用时，应设法提高 VT$_2$ 的基极电位 U_{B2}，这种措施称为级间电位调节，又称为电平调节。常用的级间电位调节有以下 3 种。

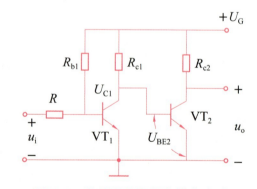

图 3-3　前后级直接耦合放大电路

1. 在后一级发射极加接电阻 R_{e2}

在图 3-4（a）所示的 VT$_2$ 的发射极上加接 R_{e2}，则 VT$_2$ 的发射极电位被提高到 $U_{E2}=I_{E2}R_{e2}$，使 VT$_2$ 基极电位 $U_{B2}=U_{BE2}+U_{E2}$。同时 VT$_1$ 的集电极电位也得到相等的提高。从而使 VT$_1$ 增大了动态范围。但 R_{e2} 又会引入直流负反馈，降低放大器的放大倍数。

2. 在后一级发射极加二极管或硅稳压管

二极管或稳压管动态电阻很小，将它取代图 3-4（a）中的 R_{e2} 可以减弱电流负反馈作用。在图 3-4（b）中，在 VT$_2$ 的发射极正向接入二极管，可以用硅二极管 0.7 V 的正向压降提高 VT$_1$ 的 U_{C1}。若在 VT$_2$ 的发射极串接稳压管，又可利用它的稳压值 U_Z 提高 U_{C1}。由于稳压管动态电阻很小，更有利于消除电流负反馈对放大器的影响。

3. 用 NPN 型和 PNP 型管直接耦合

图 3-4（c）所示为采用 NPN 型和 PNP 型管组成直接耦合电路，也能改善前后级工作点的互相牵制问题。因 NPN 型管集电极电位高于基极电位，而 PNP 型管的集电极电位低于基极电位。这样配合使用，可使两级静态工作点均能较好地满足放大的要求。

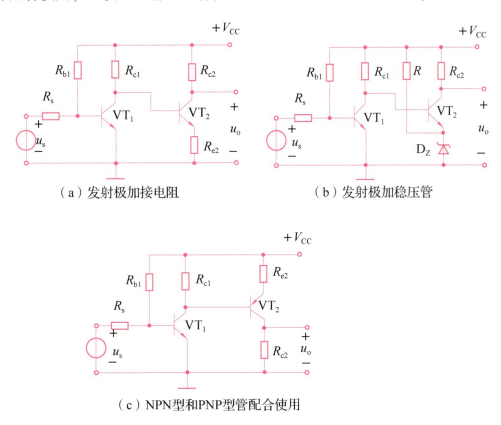

（a）发射极加接电阻　　　　　（b）发射极加稳压管

（c）NPN型和PNP型管配合使用

图 3-4　改善前后级工作点相互牵制的措施

二、零点漂移现象

所谓"零点漂移"是指将直流放大器输入端对地短路，使之处于静止状态时，在输出端用直流毫伏表进行测量，会出现不规则变化的电压，即表针会时快时慢做不规则摆动，如图 3-5 所示，这种现象称为零点漂移，简称零漂。在直接耦合放大电路中，前一级的零漂电压会传到后级被逐级放大，严重时零漂电压会超过有用的信号，将导致测量系统出错。

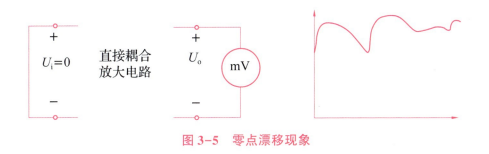

图 3-5　零点漂移现象

造成零漂的原因是电源电压的波动和三极管参数随温度的变化。其中温度变化是产生零漂的最主要原因。抑制零漂的方法很多，如采用高稳定度的稳压电源来抑制电源波动引起的零漂、利用恒温系统来消除温度变化的影响等。但最常用的方法是利用两只特性相同的三极管接成差分放大器，这种电路在集成运放及其他模拟集成电路中常作为输入级及前置级。

直流放大器探究

步骤 1：根据图 3-6 所示连接实验电路。

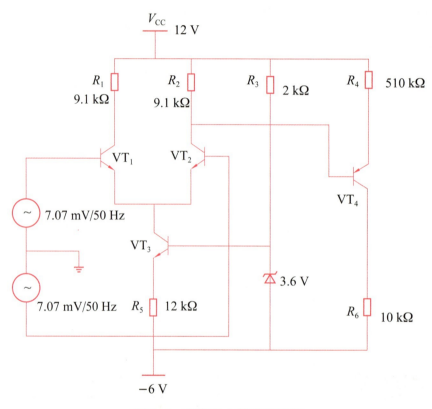

图 3-6 直流放大器实验电路

步骤 2：调整电路的静态工作点，使输入电压为零时，输出电压也为零。用直流电压表测量 VT_2、VT_3 的集电极静态电位。

步骤 3：输入电压峰值为 2 mV 的正弦波，用示波器读出输出电压峰值，计算电路的电压放大倍数。

步骤 4：加共模信号，用示波器读出输出电压峰值，得出共模放大倍数，进而得出共模抑制比。

思考：如何调整直流放大器静态工作点？

知识回顾

（1）直流放大器主要采用的级间耦合方式是（　　）。

A. 直接耦合　　　　B. 阻容耦合　　　　C. 变压器耦合　　　　D. 不一定

（2）直接耦合放大器存在零点漂移的主要原因是（　　）。

A. 电源电压波动　　　　　　　　　　B. 参数受温度的影响

C. 电阻的误差　　　　　　　　　　　D. 晶体管参数的分散性

（3）（2010年高考题）直流放大电路的特点是（　　）。

A. 只能放大直流信号　　　　　　　　B. 只能放大频率较低的交流信号

C. 只能放大频率较高的交流信号　　　D. 既能放大直流信号也能放大交流信号

（4）直流放大器工作时受到_____、_____等外界因素的影响，会产生零漂现象，采用_____电路可以有效抑制。

单元二　认识差分放大电路

差分放大电路是一种重要的电路结构，广泛应用于模拟电路中。它通常用于接收差分输入信号，并将其放大为一个单端输出信号。差分放大电路的应用范围非常广泛。例如，在放大高频信号时，输入信号通常以差分形式出现；在传感器信号处理中，差分传感器的输出信号也需要经过差分放大电路进行处理。

研究差分放大电路的原理和性能参数，对于理解模拟电路的设计和优化，以及在实际应用中进行差分信号处理等方面都具有重要的意义。

下面就一起来认识差分放大电路。

学习目标

（1）掌握差分放大器的基本结构。

（2）了解差分放大器的工作原理。

（3）掌握典型差分放大器和恒流源差分放大器的基本结构及原理。

（4）了解差分放大器的几种输入和输出方式。

一、基本差分放大器

1. 电路结构

差分放大器是一种能够有效地抑制零漂的直流放大器。图 3-7 所示电路为最基本的形式。从电路可以看出，它是由两个完全对称的单管放大器组成的，图中两个三极管及左右相对应的电阻其参数基本一致。u_i 是输入电压，它经 R_1 和 R_2 分压为 u_{i1} 与 u_{i2} 分别加到两管的基极，经过放大后获得输出电压 u_o，它等于两管集电极输出电压之差，即 $u_o = u_{o1} - u_{o2}$。

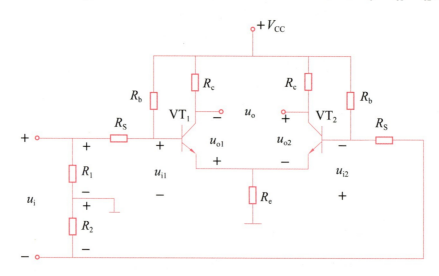

图 3-7 差分放大器基本电路

2. 抑制零漂原理

因左、右两个放大电路完全对称，所以在输入信号 $u_i = 0$ 时，$u_{o1} = u_{o2}$，因此输出电压 $u_o = 0$，即表明差分放大器具有零输入时零输出的特点。

温度变化时，左、右两个管子的输出电压 u_{o1}、u_{o2} 都要发生变化，但由于电路对两管的输出变化量（即每管的零漂）相同，即 $\Delta u_{o1} = \Delta u_{o2}$，则 $u_o = 0$。可见，利用两管的零漂在输出端相抵消，从而有效地抑制了零点漂移。

3. 差模输入

输入信号 u_i 被 R_1、R_2 分压为大小相等、极性相反的一对输入信号，分别输入到两管的基极，称为差模信号。差模信号可表示为 $u_{i1} = \frac{1}{2} u_i$、$u_{i2} = -\frac{1}{2} u_i$。因两侧电路对称，电压放大倍数 A_{u1} 和 A_{u2} 相等，即 $A_{u1} = A_{u2} = A_u$，则差分放大器对输入信号的放大倍数 A_{ud}（称为差模电压放大倍数）为

$$A_{ud} = \frac{U_o}{U_i} = \frac{U_{o1} - U_{o2}}{U_i} = \frac{A_{u1} U_{i1} - A_{u2} U_{i2}}{U_i} = \frac{\frac{1}{2} U_i A_u - \left(-\frac{1}{2} U_i\right) A_u}{U_i}$$

即
$$A_{ud} = A_u$$

可见，基本差分放大器的差模放大倍数等于电路中每个单管放大电路的放大倍数。该电路用多一倍元器件的代价换来了对零漂的抑制能力。

4. 共模输入

两个输入端加上一对大小相等、极性相同的信号，称为共模信号。这种输入方式称为共模输入。对于完全对称的差分放大器，输出电压 $u_o = u_{o1} - u_{o2} = 0$，因此共模放大倍数为

$$A_{uc} = \frac{U_o}{U_i} = 0$$

理想情况下，温度变化时，电源电压波动引起两管的输出电压漂移 Δu_{o1} 和 Δu_{o2} 相等，分别折合为各自的输入电压漂移也必然相等，即为共模信号。可见，零点漂移等效于共模输入。实际上，差分放大器不可能绝对对称，故共模放大信号不为零。共模放大倍数 A_{uc} 越小，则表明抑制零漂能力越强。

差分放大器常用共模抑制比 K_{CMR} 来衡量放大器对有用信号的放大能力及对无用漂移信号的抑制能力。其定义为

$$K_{CMR} = \left| \frac{A_{ud}}{A_{uc}} \right|$$

共模抑制比越大，差分放大器的性能越好。

二、典型差分放大电路

基本差分放大器是借助电路的对称性来抑制零漂的，但绝对的对称是理想状况，更何况每个单管的零漂并未被抑制。因此，在单管输出信号时，仍然存在零点漂移的问题，为克服以上缺点，差分放大器通常采用图 3-8 所示的典型电路。此电路增加了调零电位器 R_p 和负电源 V_{EE}。

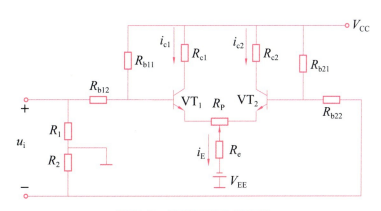

图 3-8　典型差分放大电路

1. 调零电位器 R_P

输入信号 $u_i=0$ 时,由于电路不完全对称,输出 u_o 不一定为零,这时可调节 R_P,使电路达到对称,即 $u_o=0$。

2. 发射极电阻 R_e

作用是引入共模负反馈。例如,当温度升高时,两个三极管的发射极电流同时增大,发射极电阻 R_e 两端电压升高,差分放大器由于在 R_e 上形成的反馈电压是单管电路的2倍,故对共模信号有很强的负反馈作用,从而降低了对共模信号的放大作用,提高了共模抑制比,很好地抑制了零漂。

当输入差模信号电压时,会使一个三极管发射极电流增加,另一个三极管发射极电流减小,且增大量与减小量相等,这样流过发射极电阻 R_e 的电流保持不变,使发射极电位 U_E 不变,所以引入 R_e 不影响对信号的放大倍数。

3. 负电源 V_{EE}

差分放大器的发射极电阻 R_e 越大,抑制零漂的能力越强,但 R_e 取值过大会使发射极电位 U_E 上升,两管的静态管压降 U_{CE} 减小,即信号不失真放大的动态范围减小。接入电源 V_{EE} 可以补偿 R_e 上的直流压降,从而使放大电路既可选用较大的 R_e 值,又有合适的静态工作点。通常负电源 V_{EE} 与正电源 V_{CC} 的电压值相等。

三、差分放大器的几种输入输出方式

差分放大器输入端可采用双端输入和单端输入两种方式。双端输入是将信号加在两管子的基极,单端输入则是将信号只加在一只管子的基极和公共地端,而另一只管子的输入端接地。差分放大器输出端可采用双端输出和单端输出两种方式。双端输出时负载接在两个管子的集电极,负载 R_L 不接地端。单端输出时,负载 R_L 接在某个管子的集电极与地端,而另一个管子无输出。因此,差分放大器有4种连接方式。

(1)双端输入、双端输出差分放大器,如图3-9(a)所示。可利用电路两侧对称性及 R_e 的共模反馈来抑制零漂。它的差模放大倍数与单管放大电路的放大倍数相同,即

$$A_{ud}=A_u$$

(2)双端输入、单端输出差分放大器,如图3-9(b)所示。因输出电压取自 VT_1 的集电极,VT_2 集电极无输出,其差模输出电压 u_{o1} 和差模放大倍数均只有双端输出的一半,即

$$u_{o1}=\frac{1}{2}u_o$$

$$A_{ud}=-\frac{1}{2}A_u$$

从图3-9(b)中可以看出,此电路已不具备对称性,抑制零漂主要靠发射极电阻 R_e 的共

模反馈来实现。

（3）单端输入、双端输出差分放大器，如图 3-9（c）所示。通过 R_e 的作用，将输入信号 u_i 近似均分在两管输入端且大小相等、极性相反。相当于电路工作在双端输入、双端输出状态，所以两者放大倍数相等，即

$$A_{ud}=A_u$$

它的作用是将对地为单端输入的信号转换成双端输出，便于与它后一级的双端输入网络配合，所以这种电路可用作多级放大电路的输入级。

（4）单端输入、单端输出差分放大器，如图 3-9（d）所示。这种电路虽然并不对称，但由于 R_e 对共模信号有着强烈的负反馈，所以与单管放大电路相比，仍具有较强的"零漂"抑制能力。它的另一优点是通过对 VT_1 或 VT_2 输出端的不同选用，可得到与输入信号同相或反相的输出信号。与双端输入、单端输出一样，由于该电路只有一个管子输出，输出电压与放大倍数均只有双端输出时的一半，即

$$A_{ud}=-\frac{1}{2}A_u$$

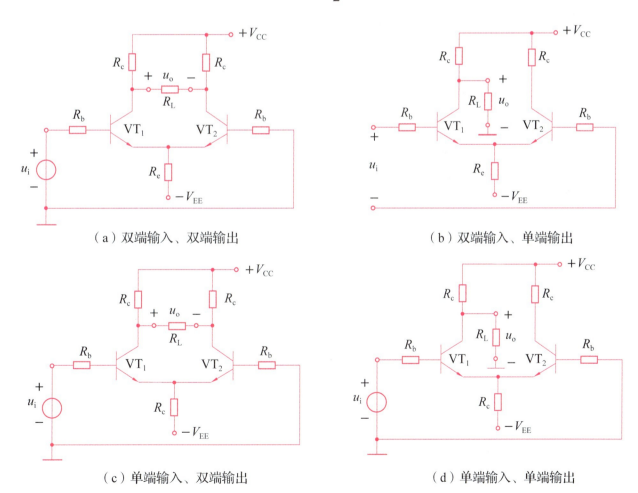

图 3-9　差分放大器的 4 种连接方式

四、有源负载放大电路

在共射（共源）极放大电路中，为了提高电压放大倍数的数值，行之有效的方法是增大集电极电阻 R_c（或漏极电阻 R_d）。然而，为了维持三极管（场效应管）静态电流不变，在增大 R_c（R_d）的同时必须提高电源电压。当电源电压增大到一定程度时，电路的设计就变得不合理了。在集成运放中，常用电流源电路代替 R_c（或 R_d），这样在电源电压不变的情况下，既可获得合适的静态电流，对于交流信号，又可得到很大的等效 R_c（或 R_d）。由于三极管和场效应管是源元件，而上述电路中又以它们作为负载，故称之为有源负载。

利用镜像电流源可以使单端输出差分放大电路的差模放大倍数提高到双端输出的情况，如图 3-10 所示。

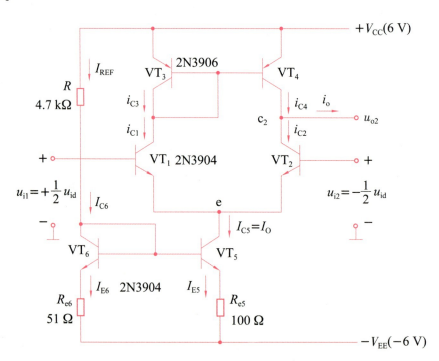

图 3-10　有源负载差分放大电路

差分放大电路探究

步骤 1：根据图 3-11 所示连接实验电路。

步骤 2：将输入端短路并接地，接通直流电源，调节电位器 R_{P1} 使输出电压为 0。

步骤 3：在输入端加入直流电压信号 $U_{id} = \pm 0.1$ V，测量并记录输出电压，由测量数据算出单端和双端输出的电压放大倍数。

步骤 4：将输入端 b_1、b_2 短接，接到信号源的输入端，信号源另一端接地。直流信号分先后接 OUT₁ 和 OUT₂，分别进行测量；由测量数据计算出单端和双端输出的电压放大倍数，进一步算出共模抑制比。

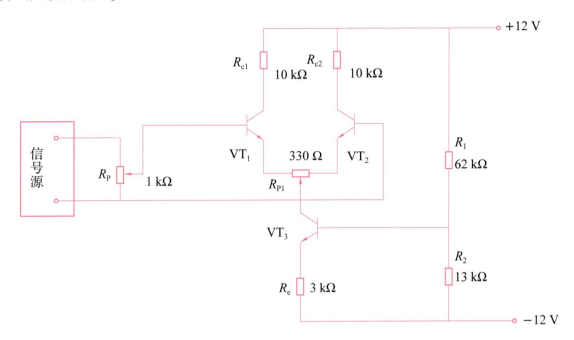

图 3-11 差分放大电路实验电路

思考：差分放大电路的性能和特点。

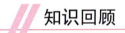

（1）对差分放大器来说，零漂属于共模信号。（　　）

（2）差分放大器对称度越差，抑制零漂能力越强。（　　）

（3）通常把_____的输入信号叫作共模信号；把_____的输入信号叫作差模信号。

（4）差分放大器输入端可采用_____和_____两种方式。

（5）（2014 年高考题）为了抑制零点漂移，多级放大电路的第一级常采用的电路是（　　）。

A. 共发射极放大电路　　　　　　　　B. 共集电极放大电路

C. 共基极放大电路　　　　　　　　　D. 差分放大电路

单元三　集成运算放大器

集成运算放大器是一种经过集成化处理的高增益放大器。集成运算放大器的主要优势在于其在集成芯片中包含多个晶体管和电阻，可以实现高度精确的电路匹配和低偏移电压，从

61

而实现高增益、高输入阻抗和低输出阻抗等性能特点。图3-12展示的就是应用了集成运算放大器的电路板。

由于结构紧凑、易于应用和调试,并且在许多电路中都能发挥重要的作用,集成运算放大器在现代电子系统中得到了广泛的应用。

下面就一起来学习集成运算放大器的相关知识。

图3-12 应用集成运算放大器的电路板

学习目标

(1) 掌握集成运算放大器的结构及组成。

(2) 了解集成运算放大器的主要参数。

(3) 理解理想集成运算放大器的条件及两个主要结论。

(4) 掌握反相比例运算放大器、同相比例运算放大器、加法器、减法器以及信号转换电路的结构、原理及计算。

集成电路是一种将三极管、场效应管、二极管、电阻等元器件及它们之间的连线通过集成工艺制作在半导体硅片上,并使之具有特定功能的电路。根据所处理信号的不同,电路分为模拟集成电路和数字集成电路。早期的集成放大电路可以完成各种模拟信号的运算(比例、求和、求差、积分、微分等),因此又叫集成运算放大电路,简称为集成运放。随着电子技术的不断发展,集成运放的体积越来越小、成本越来越低,电路的可靠性和稳定性越来越高,现在在很多情况下,它已经代替了分立元器件组成的放大电路。

一、集成运放的基础知识

集成运放的电路符号如图3-13所示。图3-13(a)是集成运放曾用过的表示符号(现仍为国际通用符号),图3-13(b)是国家新标准《模拟单元》(GB 4728·13—85)规定的集成运放在电路中的符号。

集成运放有两个信号输入端,一个信号输出端。两个信号输入端分别为同相输入端和反相输入端。同相输入端又称"同相端",用"+"或"u_P""u_-"表示;反相输入端又称"反相端",用"-"或"u_N""u_-"表示;输出端用"u_o"表示。当反相端输入信号为零,同时同相端有输入信号时,输出和输入信号同相位;当同相端输入信号为零,同时反相端有输入信号时,输出和输入信号相位相反。

集成运放的内部结构:集成运放实际上是一个双端输入、单端输出,具有高差模放大倍

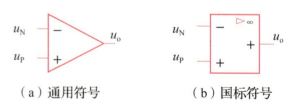

(a) 通用符号　　(b) 国标符号

图3-13 集成运放的符号

数、高输入电阻、输出电阻，能较好地抑制温漂的差分放大器。集成运算放大电路是由输入级、中间级、输出级和偏置电路四部分组成的，组成框图如图3-14所示。

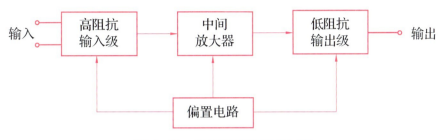

图3-14 集成运放的组成框图

输入级一般是一个双端输入的高性能差分放大电路，以减少零点漂移和抑制干扰。中间级多采用共发射极放大电路，它一般采用复合管作放大管，以恒流源作集电极负载。输出级多采用射极跟随器或互补对称电路构成，来达到足够的输出电压和电流。偏置电路的作用是用于设置集成运放各级放大电路的静态工作点。

1. 集成运放的主要参数

（1）开环电压放大倍数 A_{ud}：是指运放在无外加反馈时的差模放大倍数，也称开环电压增益。常用分贝（dB）表示，A_{ud} 越大，运放的性能越好。

（2）共模抑制比 K_{CMR}：是电路开环差模放大倍数 A_{ud} 与共模放大倍数 A_{uc} 之比，即 $K_{CMR}=|A_{ud}/A_{uc}|$。K_{CMR} 越大，对共模信号抑制能力越强。

（3）差模输入电阻 R_{id}：是指集成运放在输入差模信号时的输入电阻，R_{id} 越大，运放从信号源输入的电流越小，运算精度越高。

（4）输出峰-峰 U_{OPP}：又称输出电压动态范围，指运放处于空载时，在一定电源电压下输出最大不失真电压的峰-峰值。

另外，集成运放还有输入失调电压、输入失调电流、输入偏置电流、单位增益带宽、转换速率等参数。

2. 理想集成运放

利用集成运放作放大电路，引入各种不同的反馈，可以构成不同功能的电路。一般在实际电路分析中都把集成运放看作理想运放。

理想运放的各项参数如下。

（1）开环差模放大倍数 $A_{od}=+\infty$。

（2）差模输入电阻 $R_{id}=+\infty$。

（3）输出电阻 $R_o=0$。

（4）共模抑制比 $K_{CMR}=+\infty$。

理想运放的各工作区域的特点如下。

①线性工作区。当理想运放工作在线性区时，输出电压与输入差模电压成正比，具有线性放大作用。因理想运放输出有限，而 $A_{ud}=+\infty$，故差模电压趋向于零，$u_N \approx u_P$，如同两端短路一样，但两端并不是真正的短路，所以人们称其为"虚短"；又因为理想运放的净输入电压很小，而差模输入电阻 $R_{id}=+\infty$，所以两端的输入电流 $i_P=i_N \approx 0$，此种现象人们称其为"虚断"，也不是真正的断路。

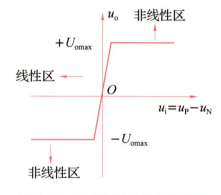

图 3-15 集成运放传输特性曲线

②非线性工作区。集成运放工作在非线性工作区的特点是它的输出电压 u_o 有两个，即 $\pm U_{omax}$，当 $u_N > u_P$ 时，$u_o = -U_{omax}$。当 $u_N < u_P$ 时，$u_o = +U_{omax}$。此时电路仍然具有"虚断"的特点。

集成运放的传输特性曲线如图 3-15 所示。

二、比例运算电路

比例运算放大器又称比例放大器，它分为同相比例放大器和反相比例放大器。

反相比例放大器如图 3-16 所示，利用"虚断"概念，由图得 $i_1 = i_f$，利用"虚地"概念，$u_+ = u_- = 0$，于是有

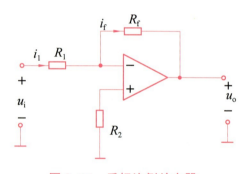

图 3-16 反相比例放大器

$$i_1 = \frac{u_i - u_-}{R_1} = \frac{u_i}{R_1}$$

$$i_f = \frac{u_- - u_o}{R_f} = -\frac{u_o}{R_f}$$

最后得

$$u_o = -\frac{R_f}{R_1} u_i$$

同相比例放大器如图 3-17（a）所示，利用"虚断"的概念有 $i_1 = i_f$，利用"虚短"的概念有

$$i_1 = \frac{0 - u_-}{R_1} = \frac{-u_+}{R_1} = \frac{u_i}{R_1}$$

$$i_f = \frac{u_- - u_o}{R_f} = \frac{u_i - u_o}{R_f}$$

最后得到输出电压的表达式为

$$u_o = \left(1 + \frac{R_f}{R_1}\right) u_i$$

若 $R_1=\infty$、$R_f=0$，则 $u_o=u_i$，称为电压跟随器，如图 3-17（b）所示。

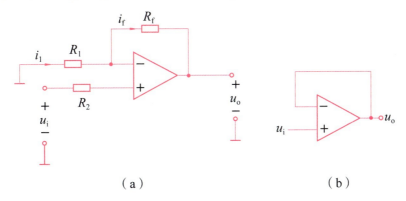

（a） （b）

图 3-17　同相比例放大器和电压跟随器

三、加法运算电路

加法运算电路如图 3-18 所示，根据"虚断"和"虚短"的定义可得

$$i_1+i_2+i_3=i_f$$

其中

$$i_1=\frac{u_{i1}}{R_1},\quad i_2=\frac{u_{i2}}{R_2},\quad i_3=\frac{u_{i3}}{R_3},\quad i_f=\frac{u_o}{R_f}$$

所以有

$$u_o=-R_f\left(\frac{u_{i1}}{R_1}+\frac{u_{i2}}{R_2}+\frac{u_{i3}}{R_3}\right)$$

若 $R_1=R_2=R_3=R_f=R$，则有

$$u_o=-\frac{R_f}{R}(u_{i1}+u_{i2}+u_{i3})$$

又当 $R_1=R_f$ 时，上式就成为

$$u_o=-(u_{i1}+u_{i2}+u_{i3})$$

由上式可看出，输出电压在大小上等于各输入电压之和，在相位上和各输入电压的相位相反。

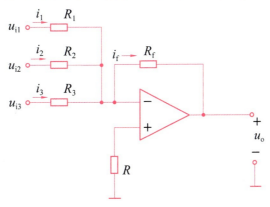

图 3-18　加法运算电路

四、减法运算电路

减法运算电路如图 3-19 所示，它是由两个输入信号分别从集成运放的同相端和反相端输入，设两个输入信号分别为 u_{i1} 和 u_{i2}，而且本电路工作在线性工作区，则电路分析如下：

$$\frac{u_{i1}-u_-}{R_1}=\frac{u_--u_o}{R_f} \quad \frac{u_{i2}-u_+}{R_2}=\frac{u_+}{R_3}$$

由于 $u_-=u_+$，所以

$$u_o=\left(1+\frac{R_f}{R_1}\right)\left(\frac{R_3}{R_2+R_3}\right)u_{i2}-\frac{R_f}{R_1}u_{i1}$$

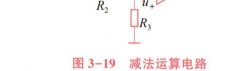

图 3-19 减法运算电路

当 $R_1=R_2=R_3=R_f$ 时，

$$u_o=u_{i2}-u_{i1}$$

五、积分和微分电路

积分电路和微分电路如图 3-20 所示。

1. 积分电路

利用"虚地"的概念，有 $i_1=i_f=\dfrac{u_i}{R_1}$，所以

$$u_o=-u_C=-\frac{1}{C_f}\int i_f dt=-\frac{1}{C_f R_1}\int u_i dt$$

若输入电压为常数 U_i，则有

$$u_o=-\frac{U_i}{R_1 C_f}t$$

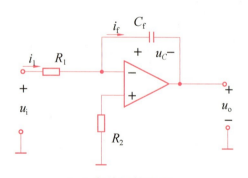

（a）积分运算电路

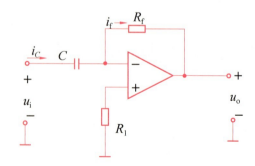

（b）微分运算电路

图 3-20 积分运算电路和微分运算电路

2. 微分运算电路

根据"虚短"和"虚断"的概念，电容两端的电压 $u_C = u_i$，所以有

$$i_f = i_C = C \frac{du_i}{dt}$$

输出电压为

$$u_o = -i_f R_f = -R_f C \frac{du_i}{dt}$$

实践环节

反相比例放大器探究

步骤1：根据图3-21所示连接实验电路，其中，反相器采用CF741芯片，$R_1 = 50$ kΩ，$R_f = 100$ kΩ。

步骤2：u_i 端接入不同幅值的正弦波电压，u_o 端接示波器。观察输出的电压放大波形，并将结果记录在表3-1中。

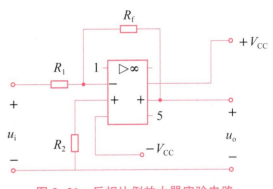

图3-21 反相比例放大器实验电路

表3-1 结果记录表

输入电压 U_i/mV	−20	0	10	50
输出电压 U_o/mV				
电压放大倍数 A_u				

思考：反相放大器的输入电压和输出电压满足什么关系？

知识回顾

（1）"虚地"指虚假接地，并不是真正的接地，是虚短在同相运放中的特例。（　　）

（2）不论是同相运放还是反相运放，其输入电阻均为无穷大。（　　）

（3）集成运放主要由四部分组成，即＿＿＿＿、＿＿＿＿、＿＿＿＿和＿＿＿＿。

（4）一个理想运放应具备下列条件：①开环电压放大倍数 $A_{od} \to$ ＿＿＿＿；②输入电阻 $R_{id} \to$ ＿＿＿＿；③输出电阻 $R_{od} \to$ ＿＿＿＿；④共模抑制比 $K_{CMR} \to$ ＿＿＿＿。

（5）解释理想运放的两个重要特点。

课题四

反馈放大电路

在电子技术中，反馈是一个重要的概念。

反馈放大电路是按照电路设计和控制的基本原则，将一定的输出信号送回到输入端的一种电路。在现代电子技术中，反馈放大电路已经成为电子工程中的重要组成部分。

本部分内容介绍了反馈的概念、反馈电路的分析及功率放大电路等。

单元一　反馈的概念

将反馈引入电路设计中，可以实现电路的稳定性、可靠性和精度的提高。在实际应用中，反馈也常常用于控制系统中，以改善系统的行为和响应性能。在电子技术中，反馈还可以用于模拟信号处理、功率放大电路和振荡器等领域，使电路的性能更加可靠。

下面就一起来学习反馈的相关知识。

学习目标

（1）掌握反馈的基本概念及反馈类型。
（2）理解反馈的判别方法。

反馈理论及反馈技术在自动控制、信号处理电子电路及电子设备中都得到了广泛的应用，有着十分重要的作用。在集成运放中，负反馈作为改善器件性能的重要手段而备受重视。

课题四 反馈放大电路

一、反馈的基本概念

所谓反馈，是指将系统或电路中的输出信号（电压或电流），通过一定的网络，送回到输入端，并同输入信号一起参与放大器的输入控制作用，从而使放大器的某些性能获得有效改善的过程。反馈的基本框图如图 4-1 所示。

例如，在课题二中讨论过的分压式射极偏置电路就是利用"反馈"来稳定静态工作点的，即

$$T(温度)\uparrow \to I_{CQ}(输出量)\uparrow \to U_{EQ}(\approx I_{CQ}R_e)\uparrow \to U_{BEQ}\downarrow \to I_{BQ}(输入量)\downarrow \to I_{CQ}\downarrow$$

可见，它是利用输出量 I_{CQ} 的变化，经电阻 R_e 转换成电压 U_{EQ} 的变化，送回到输入电路，使 U_{BEQ} 减小、I_{BQ} 减小，从而使 I_{CQ} 减小，实现静态工作点的稳定功能。

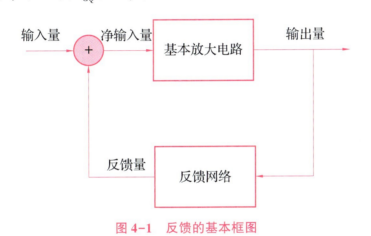

图 4-1 反馈的基本框图

二、反馈的类型与判断方法

由于反馈的极性不同，反馈信号的取样对象不同，反馈信号在输入回路中的连接方式也不同。反馈大致可分为以下几类。

1. 正反馈和负反馈

如果反馈信号与输入信号极性相同，使净输入信号增强，叫作正反馈；反馈信号与输入信号极性相反，使净输入信号削弱，叫作负反馈。在工程技术中，正反馈虽然能使输出信号增大，电压放大倍数增大，但使放大器的性能显著变差（工作不稳定、失真增加等），所以在集成运放中不采用正反馈。正反馈一般用于振荡电路中。正、负反馈的判断一般用瞬时极性法。

如图 4-2 所示，在假定输入信号为正极性的情况下，先由正向传输到输出端，然后再通过反馈网络到输入端。反馈到三极管的电极可能为基极或发射极，反馈回的信号可正可负。为区分反馈量，习惯上将反馈到输入端的反馈量画上圈。

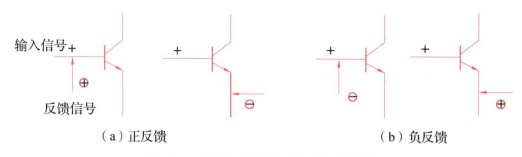

(a) 正反馈   (b) 负反馈

图 4-2 反馈信号与输入信号的 4 种情况

2. 直流反馈和交流反馈

对直流量起反馈作用的叫**直流反馈**，对交流量起反馈作用的叫**交流反馈**。其中直流反馈的主要作用是稳定放大器静态工作点；交流反馈的作用是改善器件性能。下面讨论的均为交流反馈。

3. 电压反馈和电流反馈

将输出电压按一定比例反馈到输入端的反馈称为**电压反馈**；将输出电流按一定比例反馈到输入端的反馈称为**电流反馈**。电压反馈与电流反馈的判断如图 4-3 所示。

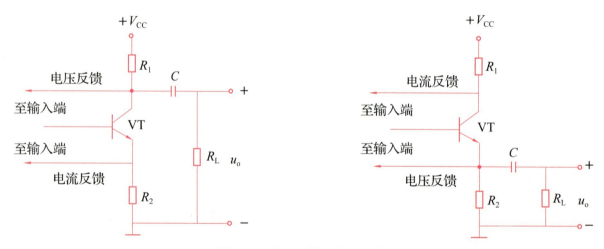

图 4-3 电压反馈和电流反馈

4. 串联反馈和并联反馈

反馈信号在输入端是以电压形式出现，且与输入信号串联作用于输入端，称为**串联反馈**；反馈信号是以电流形式出现，且与输入信号并联作用于输入端，称为**并联反馈**。串联反馈与并联反馈的连接方式如图 4-4 所示。

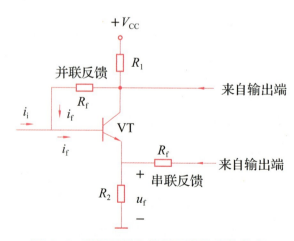

图 4-4 串联反馈和并联反馈的连接方式

含反馈的放大电路对失真的改善作用探究

步骤1：按图4-5所示连接实验电路。

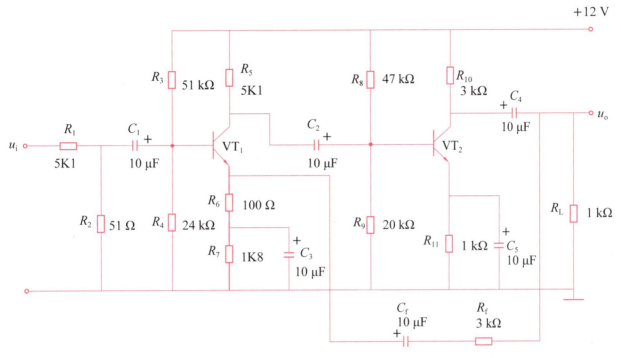

图4-5 含反馈的放大电路实验原理

步骤2：R_f 先不接入，使电路开环，逐步加大 u_i 的幅度，使输出信号出现失真（注意不要过分失真），记录失真波形幅度。

步骤3：接入 R_f，将电路闭环，观察输出情况，并适当增加 u_i 的幅度，使输出幅度接近开环时失真波形幅度。闭环后，引入负反馈，减小失真度，改善波形失真。

思考：若 R_f = 3 kΩ 不变，但 R_f 接入三极管 VT_1 的基极，会出现什么情况？请用实验验证。

知识回顾

（1）放大器中反馈的信号只能是电压，不能是电流。（   ）

（2）正反馈多用于各种振荡器中。（   ）

（3）有反馈的放大器的电压放大倍数（   ）。

A. 一定提高　　　　B. 一定降低　　　　C. 保持不变　　　　D. 说法都不对

（4）（2016年高考题）按反馈信号在输出端的取样方式，反馈可以分为（   ）。

A. 正反馈和负反馈　　　　　　　　B. 电压反馈和电流反馈

C. 串联反馈和并联反馈　　　　　　D. 交流反馈和直流反馈

单元二　负反馈放大电路的分析

负反馈是反馈的一种,它可以对放大电路的性能进行有效地改善和优化。采用负反馈可以使放大器的闭环增益趋于稳定,减少放大器在稳定状态下所产生的失真,并可减弱放大器内部各种干扰电平。因此,负反馈可大大提高放大器的放大质量,改善许多性能指标,而且反馈越深,改善的程度越大,但过深的负反馈又可能引起放大器不能正常工作而导致自激。

负反馈在放大电路中应用广泛,深入理解负反馈放大电路的原理和分析方法,对于学习放大电路具有非常重要的意义。

下面就一起来学习负反馈放大电路的分析。

学习目标

（1）掌握反馈的4种基本组态和判断方法。
（2）掌握负反馈对放大电路的影响因素。
（3）掌握通过负反馈实现放大电路调节的方法。

负反馈放大电路按反馈电路与输入输出的连接关系,分为4种基本组态,即电压串联负反馈、电流串联负反馈、电压并联负反馈、电流并联负反馈。下面分别予以介绍。

1. 电压串联负反馈

图4-6所示为具有电压串联负反馈的集成运放电路。反馈元件为 R_1、R_2,它跨接在集成运放的输出端和反相输入端之间,将电压反馈到输入端,所以是电压反馈。反馈极性的判断如图4-6所示。设输入为正的情况下,反馈回的信号为正,参照图4-2,所以为负反馈。根据 R_1、R_2 与输入输出的连接情况,参照图4-3及图4-4可知反馈组态为电压串联负反馈。

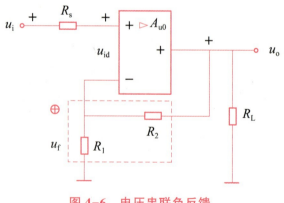

图4-6　电压串联负反馈

特点:稳定输出电压,减小输出电阻,增大输入电阻。

原因分析:假设输入电压稳定不变,当元件参数（如 R_L 增加）或者其他原因引起输出电压 u_o 增大时,反馈信号 u_f 也增大,即净输入信号 $u_{id}=u_i-u_f$ 减小,进而使输出电压下降,u_o 随之降低,其结果使 u_o 趋于稳定。这一过程可表示为:

$$R_L\uparrow \to u_o\uparrow \to u_f\uparrow \to u_{id}(=u_i-u_f)\downarrow \to u_o\downarrow$$

上述反馈过程，从效果上看相当于输出电阻减小，同时由于反馈信号的作用，净输入信号减小使输入电流减小，相当于输入电阻增大。

2. 电流串联负反馈

图 4-7 所示为具有电流串联负反馈的集成运放电路。反馈元件为 R_f，它跨接在集成运放的输出端和反相输入端之间，将电流反馈到输入端，所以是电流反馈。反馈极性的判断如图 4-7 所示。设输入为正的情况下，反馈回的信号为正，所以为负反馈。该电路反馈组态为电流串联负反馈。

特点：稳定输出电流，增大输出电阻、输入电阻。

分析原因：假设输入电压稳定不变，当元件参数（如 R_L 增加）或者其他原因引起输出电流 i_o 减小时，u_f 也随之减小，则净输入信号 $u_{ID}=u_i-u_f$ 增大，引起 i_o 增大，其结果使 i_o 趋于稳定，这一调节过程也可表示为：

$$R_L\uparrow \to i_o\downarrow \to u_f(=R_f i_o)\downarrow \to u_{id}(=u_i-u_f)\uparrow \to i_o\uparrow$$

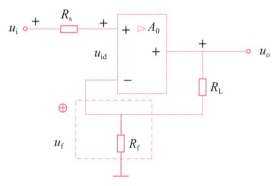

图 4-7 电流串联负反馈电路

上述反馈过程，从效果上看相当于输出电阻增大，同时由于反馈信号的作用，净输入信号增大使输入增大，相当输入电阻增大。

3. 电压并联负反馈

图 4-8 所示为具有电压并联负反馈的集成运放电路。反馈元件为 R_f，它跨接在集成运放的输出端和反相输入端之间，将电压反馈到输入端，所以是电压反馈。反馈极性的判断如图 4-8 所示。设输入为正的情况下，反馈回的信号为负，所以为负反馈。经分析可知，该电路反馈组态为电压并联负反馈。

该反馈组态的特点：稳定输出电压，减小输入电阻和输出电阻。

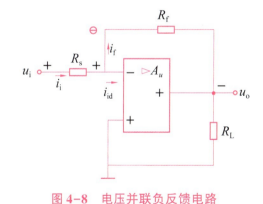

图 4-8 电压并联负反馈电路

4. 电流并联负反馈

图 4-9 所示为具有电流并联负反馈的集成运放电路。反馈元件为 R_f，它跨接在集成运放的输出端和反相输入端之间，将电流反馈到输入端，所以是电流反馈。反馈极性的判断如图 4-9 所示。设输入为正的情况下，反馈回的信号为负，参照图 4-2，所以为负反馈。经分析可知，该电路反馈组态为电流并联负反馈。

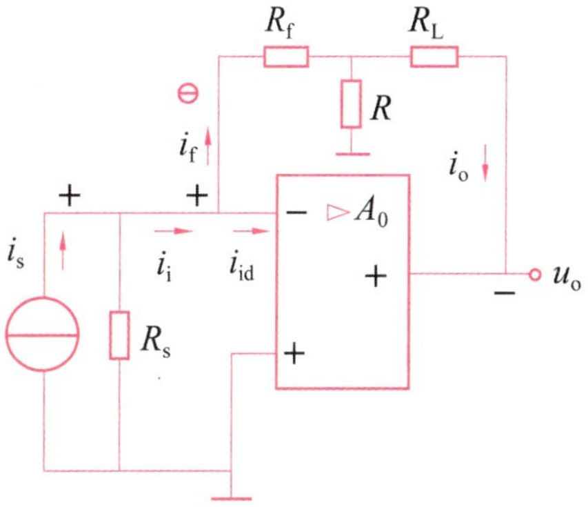

图 4-9 电流并联负反馈电路

该反馈组态的特点：稳定输出电流，减小输入电阻，增大输出电阻。

综上所述，可用瞬时极性法来判别放大器属于正反馈还是负反馈。用输出端短路法来判别是电压反馈还是电流反馈，若输出端短路后，反馈信号消失，则属于电压反馈，否则属于电流反馈。用查看反馈支路与输入端的连接方式来判别是串联反馈还是并联反馈，若两者为串联关系，为串联反馈；若两者为并联关系，则为并联反馈。这样可归结为：反馈对象看输出端，反馈方式看输入端，反馈性质看极性。

负反馈对放大电路性能指标的影响

步骤1：按图4-10所示的电压串联负反馈放大器连接实验电路，测试上述性能指标，并利用示波器观察输出波形，记入表4-1中。

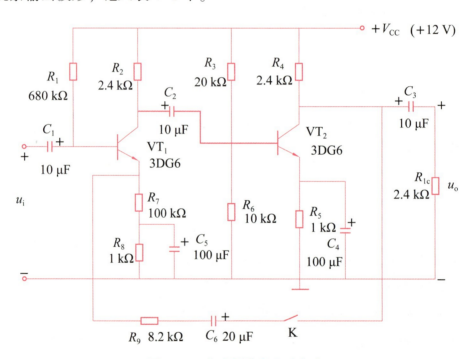

图4-10 负反馈放大实验电路

步骤2：测试闭环电压放大倍数、输入电阻和输出电阻。

闭合开关K，重复上述测试步骤，并将测试结果记入表4-1中。

表4-1 实验数据表

项目	A_{u1}	A_{u2}	A_u	R_i	R_o	输出波形
开环						
闭环						

实验结论：引入负反馈使放大倍数降低，非线性失真减小，但提高了放大倍数的稳定性。

串联反馈使输入电阻增大，并联反馈使输入电阻减小；电压负反馈使输出电阻减小，电流负反馈使输出电阻增大。

知识回顾

（1）有一放大电路需要稳定输出电压，提高输入电阻，则需引入（　　）。

A. 电压串联负反馈　　B. 电压并联负反馈　　C. 电流串联负反馈　　D. 电流并联负反馈

（2）同相比例运放中的反馈类型为（　　）。

A. 电压串联负反馈　　　　　　　　　B. 电压并联负反馈

C. 电流串联负反馈　　　　　　　　　D. 电流并联负反馈

（3）（2017年高考题）要增大放大器输出电阻和输入电阻，则需引入（　　）。

A. 电压串联负反馈　　B. 电压并联负反馈　　C. 电流串联负反馈　　D. 电流并联负反馈

（4）放大器引入负反馈后，它的电压放大倍数和信号失真情况是（　　）。

A. 放大倍数下降，信号失真减小　　　B. 放大倍数下降，信号失真加大

C. 放大倍数增大，信号失真减小　　　D. 放大倍数增大，信号失真加大

（5）可用瞬时极性法来判别放大器属于_____反馈还是_____反馈，用输出端短路法来判别是_____反馈还是_____反馈。

（6）串联反馈使_____增大，并联反馈使_____减小；电压负反馈使_____减小，电流负反馈使_____增大。

单元三　认识振荡电路

能够产生振荡电流的电路叫作振荡电路，一般由电阻、电感、电容等元件和电子器件所组成。振荡电路在电子科学技术领域中得到广泛应用，如通信系统中发射机的载波振荡器、接收机中的本机振荡器、医疗仪器以及测量仪器中的信号源等。

下面就一起来学习振荡电路的相关知识。

学习目标

（1）掌握振荡的基本概念和原理。

（2）掌握振荡的条件。

（3）掌握振荡电路的组成。

（4）了解LC振荡、RC振荡及石英振荡器的电路及条件。

振荡现象在我们身边经常出现。例如，当话筒和扬声器的位置距离较近或相对时，扬声器会发出啸叫声，产生这种现象的原因是，当话筒与扬声器靠近时，来自扬声器的声音信号传入了话筒，经过放大后又传给扬声器，扬声器再把放大了的信号传给话筒，如此往复，就形成了啸叫声，振荡是一种正反馈过程。振荡电路在电子技术领域有着广泛的应用，尤其是正弦波振荡电路，其输出波形是正弦波，可用作各种信号发生器、本机振荡、载波振荡器等。在生活中常见的含有振荡电路的设备如收音机、电视、通信系统、计算机等，如图 4-11 所示。如果没有振荡电路，大部分电子电路就无法正常工作。

图 4-11 振荡电路应用

一、振荡电路的组成

正弦波振荡电路由放大电路、反馈电路、选频电路、稳幅电路四部分组成，如图 4-12 所示。

图 4-12 正弦波振荡电路的组成框图

（1）放大电路：通过放大电路，可以控制电源不断地向振荡系统提供能量，以维持等幅振荡，这是满足幅度平衡条件必不可少的。所以，放大电路实质上是一个换能器，它起补偿能量损耗的作用。

（2）正反馈电路：它将放大电路输出量的一部分或全部返送到输入端，使电路产生自激，这是满足相位平衡条件必不可少的。实质上，它起能量控制作用。

（3）选频电路：它只对某个特定频率的信号产生谐振，只有这个特定的频率信号才能使电路满足自激振荡的条件，对于其他频率信号，由于不能满足自激振荡条件，从而受到抑制，其目的在于使电路产生单一频率的正弦波信号。

（4）稳幅电路：它用于稳定振荡信号的振幅。它可以采用热敏元件或其他限幅电路，也可以利用放大电路自身元件的非线性来完成。

（5）自激振荡的条件：能够产生自激振荡，必须满足一定的条件。产生自激振荡的条件是反馈信号与输入信号大小相等、相位相同。

（6）相位平衡条件：反馈信号与所输入信号的相位同相，也就是正反馈。

$$\varphi_A + \varphi_F = 2n\pi \quad (n\text{ 为整数})$$

式中：φ_A 为放大电路的相移；φ_F 为反馈电路的相移。

（7）振幅平衡条件：反馈信号与输入信号的幅度相同，即

$$|AF| = 1$$

式中：A 为放大电路开环增益；F 为反馈电路的相移。

振荡电路接通电源后，由于电路里会有频率范围很宽的噪声，比如晶体管和电阻内的热噪声，这一信号在选频电路的作用下选出频率为 f_0 的信号被振荡电路放大，又经反馈电路送回到放大电路的输入端，形成一个循环并往复循环下去，振荡就形成了。但是这种循环放大过程不可能使信号的振幅无限制地放大下去，因为受到晶体管非线性特征的限制，放大倍数逐渐减小，振幅达到某一数值后就不再增大，达到平衡状态，振荡电路进入稳幅振荡。

二、RC 振荡电路

1. 电路组成

桥式振荡电路是用 RC 选频反馈网络和基本放大器组成的。如图 4-13 所示，该电路是由同相放大器和具有选频作用的 RC 串并联正反馈网络（即选频网络）组成的。

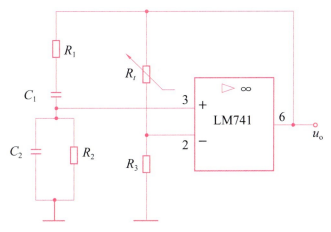

图 4-13　RC 桥式振荡电路原理

2. 振荡条件

集成运放 LM741 组成同相放大电路，6 引脚输出频率为 f_0 的信号 u_o，该信号通过 RC 串并

联网络反馈到放大器的输入端 3 引脚。因为 RC 选频网络的反馈系数 $F=1/3$，因此，只要使放大倍数 $A_{uf}=3$，就能满足振幅平衡条件；由于同相放大器的输入信号与输出信号的相位差为 0，RC 串并联选频网络的移相也为 0，所以信号的总相移满足相位平衡条件，属于正反馈。

3. 振荡频率

RC 桥式振荡器的振荡频率取决于 RC 选频网络的 R_1、R_2、C_1、C_2 参数。正常情况下，$R_1=R_2=R$，$C_1=C_2=C$，振荡频率为

$$f_0 = \frac{1}{2\pi\sqrt{LC}}$$

对于低频应用，可以使用 RC 振荡电路。

三、LC 振荡电路

LC 正弦波振荡电路采用 LC 并联回路作为选频网络，它主要用来产生高频正弦波信号，振荡频率通常在 1 MHz 以上。通常在高频信号发生器、各种高频设备中的本振中应用。

LC 振荡电路可分为变压器耦合式振荡电路和三点式振荡电路。

1. 变压器耦合式振荡电路

（1）电路组成。图 4-14 所示电路是采用变压器耦合的正弦波振荡电路。电路中的 VT 为振荡管，R_{b1}、R_{b2} 构成分压式偏置电路，R_e 是发射极直流负反馈电阻，它们提供了放大电路的静态偏置。T 为振荡变压器，L_1 和 C 构成 LC 选频电路，振荡信号从 VT 管集电极输出。

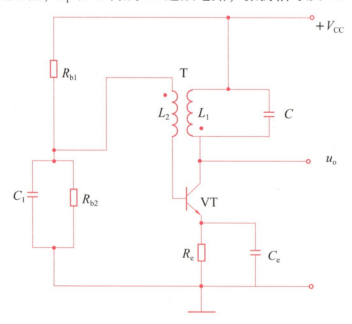

图 4-14 变压器耦合式振荡电路

（2）工作原理。接通电源后，电路中的扰动噪声信号经三极管 VT 组成的放大电路放大，然后由 L_1 和 C 构成 LC 选频回路从众多的频率中选出谐振频率 f_0，并通过线圈 L_1、L_2 之间的

互感耦合把信号反馈至三极管基极。

（3）电路特点。变压器耦合式振荡器功率增益高，容易起振。但由于共发射极电流放大系数随工作频率的增高而急剧降低，故其振荡幅度很容易受到振荡频率大小的影响，因此常用于固定频率的振荡器。

2. 三点式振荡电路

1）电感三点式振荡电路

图4-15所示电路是电感三点式正弦波振荡电路。三极管的3个电极分别与LC回路中L的3个端点相连，所以叫电感三点式。

（1）电路组成及原理。振荡线圈被分成L_1、L_2两部分，L_1、L_2和C组成选频电路和反馈电路，其中L_2为反馈线圈，实现正反馈，满足振荡的相位平衡条件。反馈电压u_f从电感线圈的一段L_2取出，使电路产生正反馈，反馈电压的大小可以通过改变线圈抽头的位置来调整。

（2）电路特点。由于互感的存在使电路容易起振，频率调节范围宽（改变电容C），可产生几百千赫到几十兆赫的正弦波信号，但输出波形较差。

2）电容三点式振荡电路

图4-16所示电路是电容三点式振荡电路。三极管的3个电极与电容支路的3个点相接，所以叫电容三点式。

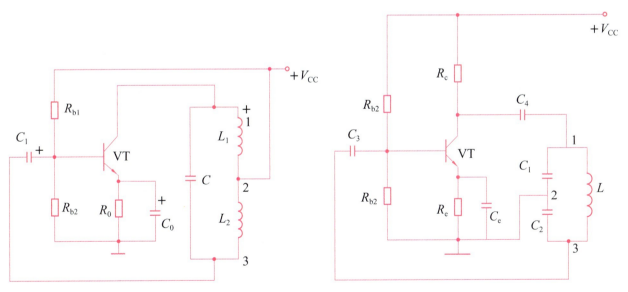

图4-15 电感三点式振荡电路　　　　图4-16 电容三点式振荡电路

（1）电路组成及原理。电容C_1、C_2和L组成选频电路和反馈电路。反馈电压从C_2上取出，使电路产生正反馈，通过调节C_1、C_2的比值就会得到足够的反馈电压，电路便可起振。

（2）电路特点：电容三点式振荡电路的特点是，C_1、C_2较小时，振荡频率较高，一般可达到100 MHz以上，不但起振稳定，而且输出波形好。

四、石英振荡电路

在工程应用中,如实验用的低频及高频信号产生电路中,往往要求正弦波振荡电路的振荡频率有一定的稳定性。如果需要稳定性较高的振荡电路,可以使用晶体振荡电路。

晶体的特点是当其有外加压力时可以将机械能转化为电能,或者是当其有外加电压时可以将电能转化成机械能;当给晶体加一个交流电压时,晶体会产生收缩,形成机械振荡,并与交流信号相同。这种现象称为石英晶体的压电效应。

根据晶体的构造,它有一个固有的振荡频率,如果外加交流信号与晶体的固有频率相匹配,晶体的振动就会加剧。如果外加交流信号的频率与晶体的固有频率相差较大,产生的振荡就会很小。晶体的机械振动频率是一个常数,这一点对振荡电路来说是非常理想的。

晶体材料一般固定在两个金属电极之间,当晶体发生弹性形变时,这两个电极依然需要与晶体保持良好的接触,晶体一般放在金属壳中。在电路中,用符号 Y 来表示。石英晶体的外形结构及实物如图 4-17 所示。

目前石英晶体振荡器已广泛应用于石英钟、频率计、彩色电视机、手持移动电话、计算机等各类电子设备中,如图 4-18 所示。

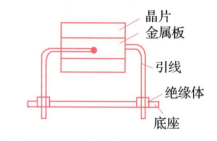

图 4-17 石英晶体的外形结构

图 4-18 石英晶体振荡器的应用

实践环节

RC 振荡电路探究

步骤 1:根据图 4-19 所示连接实验电路。

步骤 2:计算起振频率。

步骤 3:接通电源,输出端 u_o 接示波器,观察电路是否起振。如果不起振,调节 R_P 的大小,使电路满足振荡条件。

步骤 4:当有输出波形后,调节 R_P 的大小,使振荡波形基本达到不失真。

步骤 5:测量输出电压的幅值和频率。

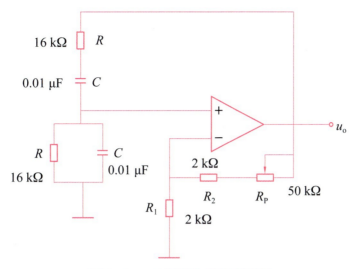

图 4-19　RC 振荡电路实验原理

思考：RC 振荡电路的振荡频率由哪部分电路决定？如何改变电路的振荡频率？

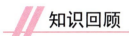知识回顾

（1）（2017 年高考题）正弦波振荡器的组成部分不包括（　　）。

A. 放大电路　　　　　　B. 反馈网络　　　　　　C. 选频网络　　　　　　D. 励磁网络

（2）（2019 年高考题）正弦波振荡电路引入正反馈的作用是（　　）。

A. 改善振荡波形　　　　　　　　　　B. 使电路自激振荡

C. 输出信号稳定　　　　　　　　　　D. 稳定静态工作点

（3）三点式振荡器有_____三点式和_____三点式，它们的共同点都是从 LC 回路中引出 3 个端点和三极管的_____相连。

（4）用 LC 电路作为_____的正弦波振荡器，称为 LC 振荡器，在结构上主要是利用_____回路代替了一般放大器中的集电极电阻。

（5）正弦波振荡器由_____、_____、_____和_____四部分组成。

课题五

功率放大电路

功率放大电路也称功率放大器，在各类电子产品中有着非常广泛的应用，图5-1所示是我们平时常见的有源音箱，它内置了功率放大电路，将音源输出的微弱信号放大到足够的功率去推动音箱，使音箱发出音量强劲、音质优美的声音。

图5-1 音箱

下面就一起来学习功率放大电路的相关知识。

单元一 认识功率放大电路

在工程技术中，经常要求放大电路的输出级能驱动一定的负载，如使扬声器的音圈振动发出声音、使电动机旋转、使继电器控制仪表动作等，这都要求放大器不但输出一定的电压，而且能输出一定的电流，即要求放大器能输出一定的功率，这样的电路就是功率放大电路。功率放大器是一种被广泛应用于各种电子设备和系统中的电路或器件。

本部分内容包含OCL电路、OTL电路和集成功率放大器的应用。

课题五 功率放大电路

学习目标

(1) 理解功率放大电路的特点。
(2) 掌握功率放大器的分类。

向负载提供低频功率的放大器称为低频功率放大器，简称低频功放。低频功放已在各领域得到广泛应用，如音频功放、射频控制、微波控制、激光控制、工业控制等，本课题主要讲述音频功率放大器（简称音频功放）。常用音频功放外形如图5-2所示。

图5-2 常用音频功放外形

一、功率放大器的特点及主要研究对象

如前所述，放大电路实质上都是能量转换电路。从能量控制的观点来看，功率放大器和电压放大器没有本质的区别。但是，功率放大器和电压放大器所要完成的电路功能和要求是不同的。对电压放大器的主要要求是使负载得到不失真的电压信号，讨论的主要指标是电压增益、输入和输出阻抗等，输出的功率不一定大。而对功率放大器的主要要求是获得一定的不失真（或失真较小）的输出功率，因此，对功率放大器主要研究的是在电压放大器中没有涉及过的特殊问题，对它的要求主要体现在以下几个方面。

(1) 输出功率尽可能大。
(2) 效率尽可能高。

由于输出功率大，因此直流电源消耗的功率也大，这就存在一个效率问题。所谓效率就是负载得到的有用信号功率和电源供给直流功率的比值。这个比值越大，效率越高。

(3) 非线性失真要小。

功率放大器是在大信号下工作，所以不可避免地会产生非线性失真，而且同一功放管输出功率越大，非线性失真往往越严重，这就使输出功率和非线性失真成为一对主要矛盾。但在不同领域，对非线性失真的要求不同。例如，在测量系统和电声设备中，对非线性失真有很高的要求，而在控制电动机的伺服放大器中，则只要求输出较大的功率，对非线性失真的要求就降为次要问题了。

83

（4）功放管的散热问题。

在功率放大器中，有相当大的功率消耗在功放管的集电结上，使结温和管壳温度升高。为了充分利用允许的管耗而使功放管输出足够大的功率，放大器件的散热就成为一个重要问题。

此外，在功率放大器中，为了输出较大的信号功率，功放管承受的电压要高，通过的电流要大，功放管损坏的可能性也就比较大，所以功放管的损坏与保护问题不容忽视。

二、功率放大器的分类

在音响系统中，功放是不可缺少的组成部分，家庭影院、汽车音响皆不例外。功放的主要作用是把微弱的音频信号放大到足以驱动喇叭单元工作，重放出人耳能听到的声音。目前，功放的种类繁多、功能各异，常用分类方法有以下几种。

1. 按电路工作状态划分

按电路工作状态划分，主要可分为甲类、乙类、甲乙类。

（1）甲类。这种功放的工作原理是输出器件（晶体管或电子管）始终工作在其输出特性曲线的线性部分，在输入信号的整个周期内输出器件始终有电流连续流动。这种功放失真小，但效率低，约为50%，功率损耗大，一般应用于家庭高档机领域。

（2）乙类。两只晶体管交替工作，每只晶体管在信号的半个周期内导通，另外半个周期内截止。该类功放效率较高，约为78%，但缺点是容易产生交越失真（两只晶体管分别导通时发生的失真）。

（3）甲乙类。兼有甲类放大器音质好和乙类放大器效率高的优点，被广泛应用于家庭、专业、汽车音响系统中。

2. 按所用有源器件划分

按所用有源器件划分，主要可分为晶体管功率放大器、场效应管功率放大器、集成电路功率放大器和电子管功率放大器（俗称"胆机"）四类。目前，前三类功率放大器应用广泛，但在高保真音响系统中，电子管功率放大器仍有一席之地。此外，由于其对数字音响系统的特殊适应性，近年来在优质音响设备领域逐步得到应用。

3. 按功能划分

按功能划分，可分为前级功率放大器、后级功率放大器和合并式功率放大器三类。

（1）前级功率放大器。主要作用是对信号源传输过来的节目信号进行必要的处理和电压放大后，再输出到后级功率放大器。

（2）后级功率放大器。对前级功率放大器送出的信号进行不失真放大，以强劲的功率驱动扬声器系统。除放大电路外，还设计有各种保护电路，如短路保护、过压保护、过热保护、过流保护等。前级功率放大器和后级功率放大器一般只在高档机或专业领域采用。

(3)合并式功率放大器。将前级功率放大器和后级功率放大器合并为一台功放,兼有前两者的功能。人们日常所说的功放均为合并式,故其应用范围较广。

认识甲类、乙类和甲乙类放大器

步骤1:认识甲类放大器。

图5-3所示为甲类放大器。甲类放大器的静态工作点选择在线性区,使功放管工作时始终处于导通状态。

步骤2:认识乙类放大器。

图5-4所示为乙类放大器。乙类放大器为推挽结构,静态工作点设置在导通阈值电压附近,工作时,在输入信号的正半周,功放管导通,负半周则截止。

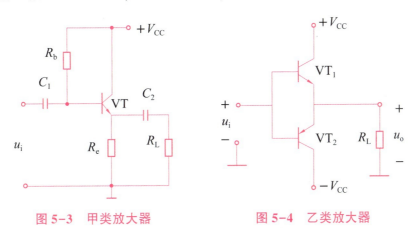

图5-3 甲类放大器　　　图5-4 乙类放大器

步骤3:认识甲乙类放大器。

图5-5所示为甲乙类放大器。甲乙类放大器的静态工作点介于甲类和乙类之间,兼顾了甲类放大器的放大工作区和乙类放大器的推挽结构。

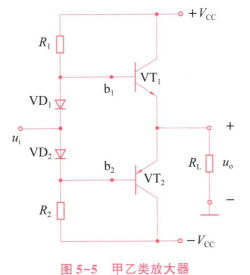

图5-5 甲乙类放大器

思考：从电路原理图上分析甲类、乙类和甲乙类放大器的效率和失真情况。

知识回顾

（1）不属于功率放大器基本要求的是（　　）。

A. 有足够的输出功率　　　　　　　　B. 散热片体积一定要大

C. 效率要高　　　　　　　　　　　　D. 非线性失真要小

（2）（2018年高考题）存在交越失真现象的电路是（　　）。

A. 射极输出器　　　　　　　　　　　B. 共发射极基本放大电路

C. 乙类功率放大器　　　　　　　　　D. 分压式偏置放大电路

（3）（2019年高考题）同甲类功率放大器相比，属于乙类功率放大器特点的是（　　）。

A. 适用于小信号放大　　　　　　　　B. 不存在交越失真

C. 静态功耗大　　　　　　　　　　　D. 效率高

单元二　认识 OCL 和 OTL 电路

在功率放大器特别是音频功放领域，OCL 和 OTL 电路是最常见的。OCL 代表输出电容耦合，OTL 代表无变压器输出，这两种电路各有其适用场合。OCL 电路功率更大、低频响应更好，适合用于需要大功率输出的场合，如大型音响系统。OTL 电路则在可靠性和稳定性方面优于 OCL 电路，并且具有更高的频率响应和更少的谐波失真。因此，OTL 电路通常被用于要求高保真度的音乐播放器和家庭影院系统等应用场合。

下面就一起来认识 OCL 和 OTL 电路。

学习目标

（1）掌握 OCL 及 OTL 电路的工作原理、电路组成。

（2）掌握 OCL 及 OTL 电路的典型电路、实用电路及失真的消除。

一、OCL 电路

OCL（Output Capacitance Less）的意思是无输出电容互补对称功放电路。

1. 基本电路

图 5-6（a）所示为 OCL 基本电路。其中 VT_1 为 NPN 管，VT_2 为 PNP 管，且要求 VT_1、

VT$_2$ 两管的特性对称一致。从电路可知，每个管子均组成共集电极组态的放大电路，属于乙类互补对称 OCL 电路。

2. 工作原理

为分析工作原理方便起见，暂不考虑晶体管的饱和压降 U_{CES} 和发射结的导通压降 U_{BE}。

1）静态工作情况分析（$u_i = 0$）

当无输入信号时，由于电路无偏置电压，故两管的基极电流均为 0，即功放管工作于截止状态。电路无功率放大功能。

2）动态工作情况分析（$u_i \neq 0$）

当有输入信号时，在 u_i 的正半周时，VT$_1$ 的发射结正偏而导通，VT$_2$ 的发射结反偏而截止，此时被放大的电流信号将由 $+V_{CC}$ 经 VT$_1$ 自上而下流过负载电阻 R_L。在 u_i 的负半周则正好相反，VT$_1$ 截止，VT$_2$ 导通，被放大的电流信号由 $-V_{CC}$ 经 VT$_2$ 自下而上流过负载。两只功放管轮流导通、交替工作，这样负载上就得到放大后一个周期的信号波形，如图 5-6（b）所示。

OCL 电路功放管的选择标准：$P_{CM} > 0.2 P_{om}$，$U_{(BR)CEO} \geq 2V_{CC}$，$I_{CM} \geq V_{CC}/R_L$。

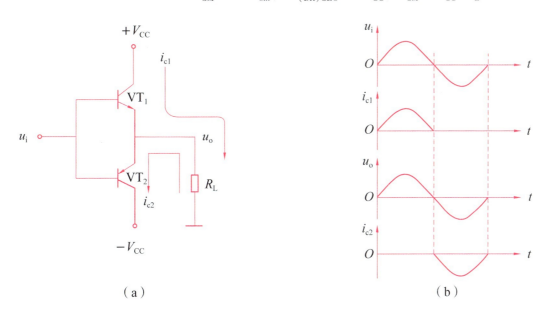

图 5-6 OCL 基本电路及工作波形

3. 存在的问题及改进

由共集电极组态放大电路的特性可知，上述电路的电压放大倍数虽然近似为 1，但它具有电流放大作用和功率放大作用，射极输出器输出电阻低，带负载能力强，所以可将低阻负载（如扬声器）直接接入电路作为负载。但由于晶体管死区电压的存在，两只晶体管在交替工作时必然会出现失真，如图 5-7 所示。习惯上把这种失真称为交越失真。

为消除交越失真，往往采用图 5-8 所示的几种形式，以使两只功放管静态时工作在微导通状态，就是使功放管工作在输入特性刚刚脱离死区即将进入放大区的位置上，该类型电路属于甲乙类互补对称 OCL 电路。

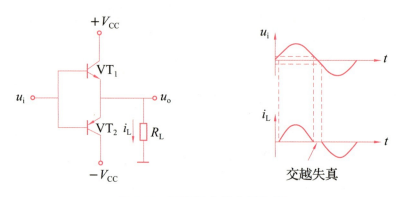

图 5-7　乙类状态的交越失真

图 5-8（a）所示，在两功放管基极接入一个电阻是最简单的方式，调整该电阻的阻值，使两端电压刚好克服两功放管交越失真为好。图 5-8（b）和图 5-8（c）所示两电路利用二极管既有一定的电压且动态电阻又较小的特点，达到既能消除交越失真，又使两功放管输入信号基本对称的目的，在工程技术中得到广泛应用。

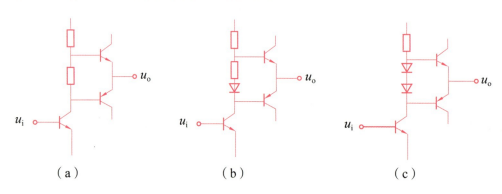

图 5-8　甲乙类工作方式的几种设计

二、OTL 电路

OTL（Output Transformer Less）电路是指无输出变压器互补对称功放电路。

1. 基本电路

图 5-9 所示为 OTL 基本电路。其中 VT_1 为 NPN 管，VT_2 为 PNP 管，C 为输出电容，且要求 VT_1、VT_2 两管的特性对称一致。从电路可知，每个管子均组成共集电极组态的放大电路，也属于乙类互补对称 OTL 电路。

2. 工作原理

由图 5-9 可知，OTL 基本电路的工作方式与 OCL 基本电路相同，仍然是在输入信号的一个周期内 VT_1 与

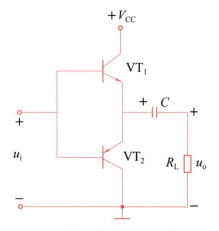

图 5-9　乙类互补对称 OTL 基本电路

VT$_2$ 交替工作、轮流导通，使负载上得到一个完整的输出信号。

区别是 OTL 采用一组电源后，VT$_2$ 工作时由谁供电呢？答案是：由输出电容 C 等效为一个电源给 VT$_2$ 供电。这是因为在静态时，由于两只功放管的参数一致，所以两个功放管分压使其发射极的电位为电源电压的一半，此时由于 C 两端也将充 $\frac{1}{2}V_{CC}$ 的电压，且左正、右负，正好满足 VT$_2$ 工作所需的电源极性。为了让 VT$_2$ 工作时电容两端电压基本维持不变，电容 C 的容量选得要大。

OTL 电路功放管的选择标准：$P_{CM}>0.2P_{om}$，$U_{(BR)CEO} \geqslant V_{CC}$，$I_{CM} \geqslant V_{CC}/(2R_L)$。

值得注意的是，在 OCL 与 OTL 电路中，要求 NPN 与 PNP 两只互补功放管的特性基本一致，一般小功率异型管容易配对，但大功率的异型管配对就很困难。在大功率放大电路中，一般采用复合管的方法解决，即用两只或两只以上的晶体管适当地连接起来，等效成一只晶体管使用。图 5-10 是常见的 4 种复合管形式，箭头指向为复合后的管型。

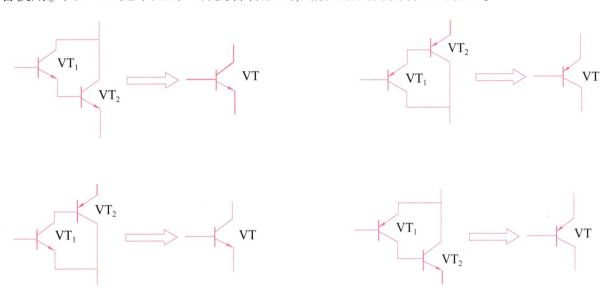

图 5-10　常见的 4 种复合管

OCL 电路探究

步骤 1：如图 5-11 所示，根据电路原理图连接实验电路。其中，VT$_1$ 选择 3DG12，VT$_2$ 选择 TIP41，VT$_3$ 选择 TIP42，电位器 R_{P1} 置于最小值，R_{P2} 置于中间位置，电源进线端串入直流毫安表，接通±12 V 电源，观察电路有无异常情况，如电路正常，则开始进行实验。

步骤 2：观察交越失真情况。

（1）将电路中 A_1、A_2 两点用导线连接，在输入端加入 1 kHz 的正弦信号。调整信号输入幅度，使输出波形不失真，用示波器观测输出波形并记录在表 5-1 中。

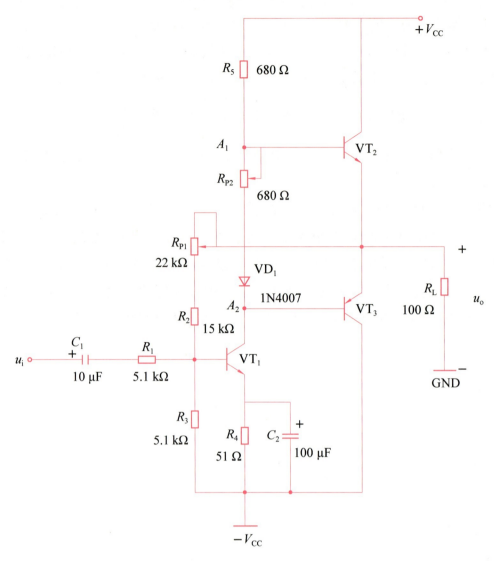

图 5-11　OCL 电路实验原理

表 5-1　输出波形记录表

（2）把 A_1、B_2 两点导线断开，观察输出波形的变化情况，并记录在表 5-2 中。

表 5-2　波形变化情况记录表

步骤 3：测试电路的电压放大倍数。

在输入端加入 200 mV、1 kHz 的正弦波信号，用示波器观察并测量出信号的波形和幅度大小，计算出 A_u 值。

思考：如果输出波形出现交越失真，应如何调节？

知识回顾

（1）克服互补对称功率放大器的交越失真的有效措施是（　　）。

A. 选择特性一致的配对管　　　　B. 为输出管加上合适的偏置电压

C. 加入自举电路　　　　　　　　D. 选用额定功率较大的放大管

（2）在互补对称 OTL 电路中，引起交越失真的原因是（　　）。

A. 输入信号太大　　　　　　　　B. 推挽管的基极偏压不合适

C. 电源电压太高　　　　　　　　D. 三极管的 β 值过大

单元三　集成功率放大器及其应用

集成功率放大器简称集成功放，它是将 OTL 和 OCL 等电路的主要元件集成在一块半导体芯片上封装而成，外接少量元件可构成高性能的功率放大器。由于其安全、高效、大功率和低失真的要求，使它广泛应用于收录机、电视机、开关功率电路、伺服放大电路中。图 5-

12 展示的就是应用了集成功放的电路板。

图 5-12 应用集成功放的电路板

下面就一起来学习集成功率放大器及其应用的相关知识。

学习目标

（1）了解常见的集成功放（LM386、LA4100）及其应用。
（2）掌握集成功放的引脚排列及引脚功能。

一、集成功率放大器 LM386 及其应用

LM386 是美国国家半导体公司生产的具有 DIP8 和 SMD8 两种封装的音频功率放大器，主要应用于低电压消费类产品，如录音机和收音机等领域。具有自身功耗低、电压增益可调整、电源电压范围宽、外接元件少和总谐振失真小等优点。LM386D 的额定电源电压范围为 4～12 V，当电源电压为 12 V 时，额定音频输出功率为 0.5 W，输出阻抗为 8 Ω，典型输入阻抗为 50 kΩ，静态电流为 4 mA。LM386 的外形、引脚排列及引脚功能如图 5-13 所示。

（a）外形　　　　　　　　　　（b）引脚排列及引脚功能

图 5-13 LM386 外形、引脚排列

LM386 加上外围电路构成的单端输入 OTL 功率放大器电路如图 5-14 所示。

在图 5-14 中，C_1、C_4 为耦合电容，C_2、C_6 为旁路电容，R_P 为音量调节电位器，R_1 和 C_5 构成相位补偿电路，BL 为扬声器。

工作原理：电路通电后，音频信号经 C_1 耦合后加至 LM386 输入端第 3 脚，经功率放大后

由其输出端第 5 脚输出，经 C_4 耦合后加至扬声器 BL 两端，驱动 BL 发生悦耳的声音。此外，调节音量电位器 R_P，可改变扬声器音量。

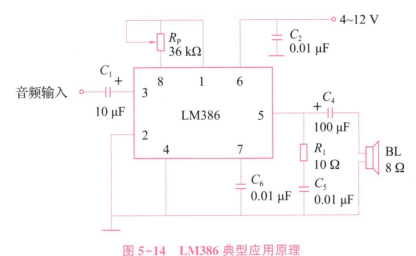

图 5-14　LM386 典型应用原理

二、集成功率放大器 LA4100 及其应用

LA4100 是日本三洋公司生产的具有 DIP14 和 SMD14 两种封装形式的集成音频功率放大器，由差动输入级、中间放大级、OTL 输出级组成。主要应用于低电压消费类产品，如电视机、录音机等。具有性能稳定、音质好、外接元件少等特点。LA4100 的外形、引脚排列及引脚功能如图 5-15 所示。

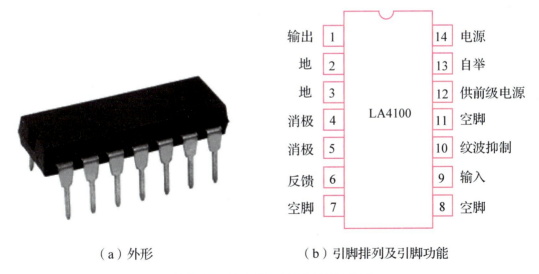

（a）外形　　　　　　　（b）引脚排列及引脚功能

图 5-15　LA4100 外形及引脚排列

LA4100 典型应用电路如图 5-16（a）所示，可按图 5-16（b）所示印制电路板或自制万能电路板进行制作。

在图 5-16（a）中，C_1、C_5、C_8、C_9 为耦合电容，C_6 为自举电容，C_3 为消振电容，C_2 和

R 组成负反馈电路，C_4 为高频旁路电容。

工作原理：电路通电后，音频输入信号经 C_1 耦合后加至 LA4100 输入端第 9 脚，经芯片内部输入级、中间级和 OTL 输出级三级放大后，由输出端第 1 脚输出，经 C_5 耦合后加至扬声器 BL 两端，驱动 BL 发出声音。

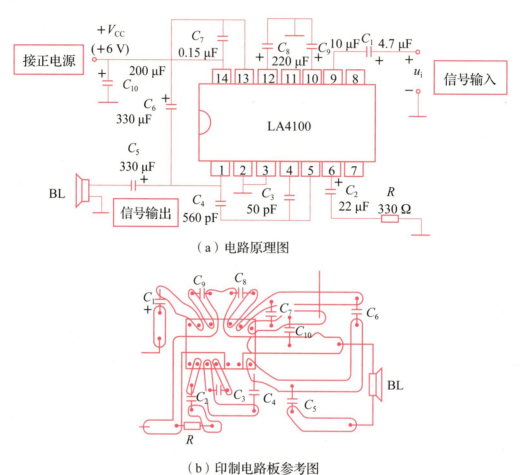

图 5-16　LA4100 的典型应用

音频功率放大器 LM386 的性能测试

步骤 1：根据电路原理图（图 5-17）搭建电路。

步骤 2：按要求测试以下内容：

（1）用示波器测试放大器的电压增益，并用 dB 表示。（1 kHz）

（2）测试放大器最大输入动态范围。（1 kHz）

（3）测试放大器的效率。

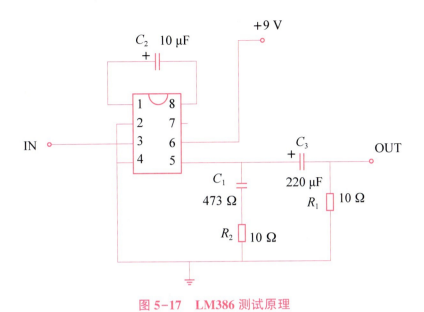

图 5-17　LM386 测试原理

知识回顾

LM386 集成功放功耗低，允许电源电压为＿＿＿＿ V 到＿＿＿＿ V，其内建电压增益为＿＿＿＿ dB，在引脚＿＿＿＿和＿＿＿＿之间电容的作用下，增益最高可达＿＿＿＿ dB。

课题六

直流稳压电源

生活中，我们每天都需要给手机或充电宝充电，图 6-1 展示的就是我们日常用的手机充电器，它能够将 220 V 交流电转换为手机需要的直流电压，其核心电路模块就是直流稳压电源。本部分内容将为你介绍直流稳压电路是如何实现交流到直流的转换，包含串联型晶体管稳压电路和集成稳压器的相关知识。

图 6-1　手机充电器

单元一　认识串联型晶体管稳压电路

串联型晶体管稳压电路也称为串联型晶体管稳压电源，它是一种利用晶体管的放大特性来稳定电压的电路。它广泛应用于医疗设备、工业控制、通信设备、仪表设备等领域。下面就来了解串联型晶体管稳压电路的相关知识。

学习目标

（1）掌握串联型晶体管稳压电源的工作原理。
（2）掌握有放大环节的串联型稳压电源的工作原理及电压调整。

一、简单串联稳压电路

用稳压管组成的并联式稳压电源是最简单的方式，如图 6-2 所示。

这种电路的优点是电路简单、经济。缺点是输出电流受稳压管最大允许电流限制，在几十毫安以下，并且输出电压不可调，稳定度较差，一般应用于小功率、稳定度要求不高的场合。

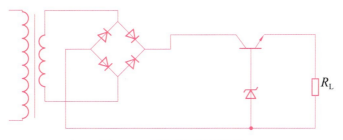

图 6-2　稳压管稳压电路

为了增大稳压管电路的负载电流，引入调整管放大。图 6-3 所示为带调整管的稳压电路，负载电流 I_L 与流过调整管 VT_1 的集电极电流 I_C 相等，选择较大功率的调整管，即可获得较大的负载电流，克服了稳压二极管负载电流太小的缺点。

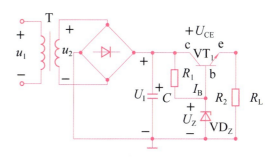

图 6-3　带调整管的稳压电路

电路如图 6-3 所示，图中 VT_1 为调整管，工作在放大区，起电压调整作用；VD_Z 为硅稳压管，稳定 VT_1 管的基极电压 U_B，提供稳压电路的基准电压 U_Z；R_1 既是 VD_Z 的限流电阻，又是 VT_1 管的偏置电阻；R_2 为 VD_Z 管的发射极电阻；R_L 为外接负载。

稳压过程简述如下：

$$U_O \uparrow \to U_{BE} \downarrow \to I_B \downarrow \to U_{CE} \uparrow \to U_O \downarrow$$

因负载电流由管子 VT_1 供给，所以与并联型稳压电路相比，可以供给较大的负载电流。但该电路对输出电压微小变化量反应迟钝，稳压效果不好，只能用在要求不高的电路中。

二、具有放大环节的串联稳压电源

图 6-3 所示的简单串联型稳压电源，虽然有较强的带负载能力，但存在稳压性能不理想、且输出电压不可调的缺点。为了克服这些缺点，可以在串联稳压电源的基础上增大比较放大环节。

具有放大环节的串联稳压电源的基本原理如下。

1. 电路构成

图 6-4 所示为增加比较放大环节的稳压电源的组成。

如图 6-5 所示，串联稳压电源电路由四部分组成，即调整管 VT_1，比较放大管 VT_2，基准电压由 R_3、VD_Z

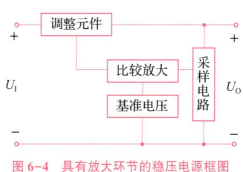

图 6-4　具有放大环节的稳压电源框图

组成，取样电路由 R_1、R_P、R_2 组成。电路反映了输出电压的变化量，与基准电压 U_Z 比较，其差值经比较放大管 VT_2 放大后驱动调整管，使调整管 U_{CE} 发生变化，从而自动调节输出电压，达到稳压的效果。

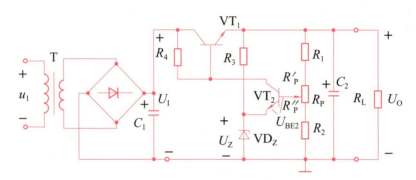

图 6-5　串联型稳压电源电路

2. 稳压原理

电网电压上升或负载变轻时，输出电压 U_o 有上升的趋势，则取样电路分压点电压 U_{R_P} 升高，因 U_Z 不变，故 U_{BE2} 升高（$U_{BE2}=U_{R_P}-U_Z$），于是 I_{C2} 增大，分流了调整管基极电流，故 I_{B1} 减小，于是 U_{CE1} 增大，使输出电压 U_o（$U_o=U_2-U_{CE1}$）下降，从而保持 U_o 稳定。

$$U_I \uparrow \rightarrow U_o \uparrow \rightarrow U_{B2} \uparrow \rightarrow U_{BE2} \uparrow \rightarrow U_{C2} \downarrow \rightarrow U_{BE1} \downarrow \rightarrow U_{CE1} \uparrow$$
$$U_o \downarrow \leftarrow$$

3. 输出电压的估算

由图 6-5 可知

$$U_{B2}=U_{BE2}+U_Z \approx \frac{R''_P+R_2}{R_1+R_P+R_2} \cdot U_o \tag{6-1}$$

即

$$U_o \approx \frac{R_1+R_P+R_2}{R''_P+R_2}(U_{BE2}+U_Z) \tag{6-2}$$

当 R_P 的滑动臂移到最上端时，$R'_P=0$，$R''_P=R_P$，U_o 达到最小值，即

$$U_{Omin} \approx \frac{R_1+R_P+R_2}{R_P+R_2}(U_{BE2}+U_Z) \tag{6-3}$$

当 R_P 的滑动臂移到最下端时，$R'_P=R_P$，$R''_P=0$，U_o 达到最大值，即

$$U_{Omax} \approx \frac{R_1+R_P+R_2}{R_2}(U_{BE2}+U_Z) \tag{6-4}$$

则输出电压 U_o 的调节范围为

$$U_{Omin} \sim U_{Omax} \tag{6-5}$$

以上各式中的 U_{BE2} 为 0.6～0.8 V。

综上所述，带有放大环节的串联型晶体管稳压电路，一般由四部分组成，即采样电路、基准电压、比较放大电路和调整元件。

串联型晶体管稳压电路的优点是输出电流较大，输出电压可调；缺点是电源效率低，大功率电源需设散热装置。

例题 设图 6-5 中的稳压管为 2CW14，$U_Z = 7$ V。采样电阻 $R_1 = 1$ kΩ，$R_P = 200$ Ω，$R_2 = 680$ Ω，试估算输出电压的调节范围。

解：设 $U_{BE2} = 0.7$ V，可得

$$U_{Omin} \approx \frac{R_1 + R_P + R_2}{R_P + R_2}(U_{BE2} + U_Z) = \frac{1 + 0.2 + 0.68}{0.2 + 0.68}(0.7 + 7) \approx 16.5 \text{ (V)}$$

又由式（6-4）可得

$$U_{Omax} \approx \frac{R_1 + R_P + R_2}{R_2}(U_{BE2} + U_Z) = \frac{1 + 0.2 + 0.68}{0.68}(0.7 + 7) \approx 21.3 \text{ (V)}$$

故输出电压的调节范围是 16.5 ~ 21.3 V。

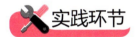

实践环节

具有放大环节的串联稳压电路探究

步骤 1：根据电路原理图（图 6-6）搭建实验电路。

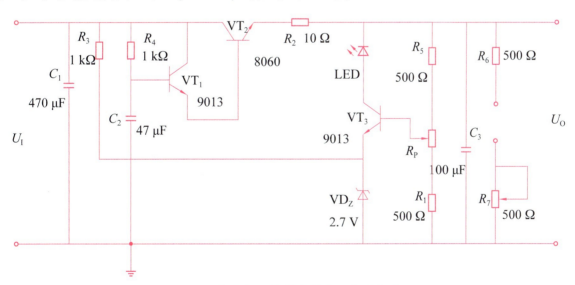

图 6-6　具有放大环节的串联稳压电路实验原理

步骤 2：静态调试。

（1）负载 R_L 开路，即稳压电源空载。

（2）将输入电压调整为 9 V，接到 U_1 端，再调整 R_P，使 $U_O = 6$ V，测量各三极管的 Q 点。

（3）调试输出电压的调节范围：调节 R_P 观察输出电压 U_O 的变化情况，记录 U_O 的最大和

最小值，并填入表 6-1 中。

表 6-1　电压 U_O 的变化情况记录表

输出电压	R_P 上端	R_P 下端
U_O/V		

（4）输出保护。在电源输出端接上负载 R_L 同时串接电流表，并用电压表监视输出电压，逐渐减小 R_L 值，直到短路。注意 LED 发光管的情况，记录此时的电压和电流值。

思考：

（1）如果把图 6-6 中电位器的滑动端往上（或往下）调，各三极管的 Q 点将如何变化？

（2）调节时，VT_3 的发射极电位如何变化？电阻 R_L 两端电压如何变化？

知识回顾

（1）为了克服简单串联稳压电源稳压性能不理想、输出电压不可调的缺点，常在串联稳压电源的基础上增加_____环节。

（2）带有放大环节的串联型晶体管稳压电路，一般由四部分组成，即_____、_____、_____和_____。

单元二　认识集成稳压器

集成稳压器又叫集成稳压电路，是以芯片形式将稳压电路部件封装而成，可将不稳定的电源电压转换为稳定的输出电压。它具有简化设计、易于使用、稳定性好、高效能等优点，因此广泛应用于各种电子设备中，如计算机、手机和各类家用电器。图 6-7 展示的就是一种常见的集成稳压器。

图 6-7　集成稳压器

学习目标

（1）了解三端集成稳压器的分类。

（2）掌握三端集成稳压器的引脚排列及名称。

（3）能够正确连接三端集成稳压器的应用电路。

将串联型稳压电源的元件集成在一个很小的芯片上，即成为集成稳压器，使用时只需加很少的外围元件。由于集成稳压器具有体积小、可靠性高、成本低等优点,在电子工程上得到了广泛的应用。集成稳压器种类很多,以三端式稳压器最为普遍。

一、固定电压输出的集成稳压器

1. 7800系列

7800系列为输出固定正电压的三端集成稳压器,外形如图6-8所示,其输出电压为5~24 V,共有7个挡位,各型号与对应的输出电压见表6-2。

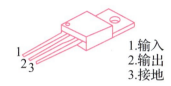

图6-8 7800系列稳压器外形

表6-2 7800系列三端集成稳压器主要参数

型号	7805	7806	7809	7812	7815	7818	7824
输出电压/V	5	6	9	12	15	18	24
最高输入电压/V	35							
最大输入电流/A	1.5							

图6-9所示为三端集成稳压器的典型应用。C_i的作用为防止电路产生自激振荡,电容C_o用于滤除输出电压的高频噪声,C_i、C_o取值一般小于1 μF,根据需要有时须并接一个较大的电解电容。

2. 7900系列

7900系列为输出固定负电压的三端集成稳压器,外形如图6-10所示,其输出电压范围为-5~-24 V,有7个挡位,各型号与输出电压对应关系见表6-3。

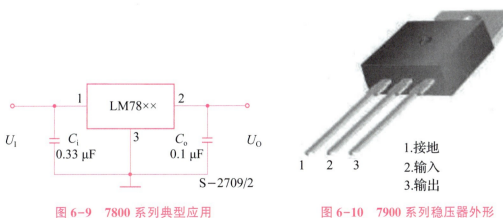

图6-9 7800系列典型应用　　　　图6-10 7900系列稳压器外形

表 6-3 7900 系列三端集成稳压器主要参数

型号	7905	7906	7909	7912	7915	7918	7924
输出电压/V	−5	−6	−9	−12	−15	−18	−24
最高输入电压/V	−35							
最大输入电流/A	1.5							

7900 系列基本应用电路如图 6-11 所示，输出负电压，其他元件作用参见 7800 系列的相关内容。

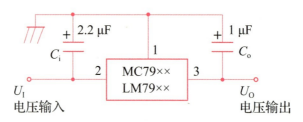

图 6-11 7900 系列典型应用

二、可调电压输出的三端集成稳压器

用可调正电压输出的三端集成稳压器 W117/217/317 系列，以及负电压输出的 W337，不仅输出电压可调（调压范围为 1.2~37 V），其稳压性能也优于固定电压输出的三端集成稳压器。其外形与 7800 系列和 7900 系列相同。

可调电压输出的三端集成稳压器 CW317 基本应用如图 6-12 所示。选取外围元件时须注意两点：一是 CW317 调整端与输出端（即图 6-12 中 CW317 的 1 端与 2 端）之间为稳定的电压值 1.25 V；二是 CW317 最小稳定负载电流典型值为 5 mA，若负载电流小于 5 mA，则 CW317 性能变坏，故输入电阻不能太大，最大取值为 $R_{max} = 1.25/0.005 \ \Omega = 2\ 500\ \Omega$，实际取值可略小，如 2 400 Ω。

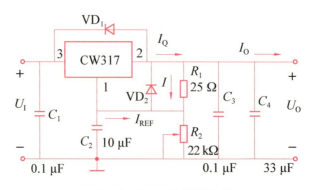

图 6-12 CW317 应用电路

二极管 VD_1 给电容 C 提供放电回路，避免 CW317 内部调整管因电容 C 放电损坏，二极管 VD_2 的作用是防止输入端突然断开时，输出电压逆向放电而损坏三端稳压器。

LM317 三端可调稳压器，输出电流为 1.5 A。图 6-13 所示为典型应用电路，C_2 滤去 R_2 两端的纹波电压，接入 R_1 和 R_2 使输出电压可调，电压可调范围为 1.25～37 V。

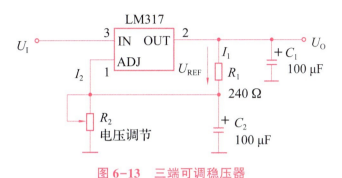

图 6-13　三端可调稳压器

 实践环节

LM7805 输出电压探究

步骤 1：根据电路原理图（图 6-14）搭建电路，其中 V_{CC} 可用直流稳压电源提供+5～+32 V 的可调电压。

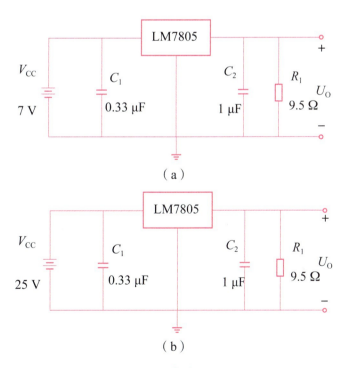

图 6-14　电路原理图

步骤 2：调整直流稳压电源输出电压，并用示波器测量 LM7805 的电压调整率，测量条件为 $I_O=500$ mA，7 V$\leqslant U_I \leqslant$25 V，并将结果记入表 6-4 中。

表 6-4　结果数据记录表

输入直流电压/V	负载电阻 R_L/Ω	输出电压 U_0/V	输出电流 I_0/mA	电压调整率 ΔU_0/mV
7	9.5			
25	9.5			

知识回顾

（1）三端可调式稳压器 CW317 的 1 脚为（　　）。

A. 输入端　　　　　　B. 输出端　　　　　　C. 调整端　　　　　　D. 公共端

（2）要获得+9 V 的稳定电压，集成稳压器的型号应选用（　　）。

A. CW7805　　　　　B. CW7909　　　　　C. CW7809　　　　　D. CW7905

（3）（2012 年高考题）用三端集成稳压器组成稳压电路，要求输出电压在+5～+12 V 内可调，则应选用（　　）。

A. CW7812　　　　　B. CW7912　　　　　C. CW317　　　　　　D. CW337

（4）（2016 年高考题）三端集成稳压器 7912 的输出电压是（　　）。

A. -12 V　　　　　　B. 12 V　　　　　　　C. 2 V　　　　　　　D. 9 V

（5）常用的三端固定式集成稳压器有_____和_____两种系列。CW7812 表示_____，CW7912 表示_____。

课题七

晶闸管及其应用

晶闸管过去习惯称为可控硅（SCR），具有工作过程可以控制，能以小功率信号去控制大功率系统的特性，可作为强电与弱电的接口，属于用途十分广泛的功率电子器件。图7-1所示为塑封形式的晶闸管。

晶闸管在家用方面，可以用于家电控制，包括照明、温度控制、风扇速度调节、加热和警报激活等；对于工业应用，晶闸管用于控制电机速度、电池充电等。

图 7-1　晶闸管

下面就一起来学习晶闸管的相关知识。

单元一　晶闸管的结构和工作原理

普通晶闸管是一种半可控大功率半导体器件，出现于20世纪70年代。晶闸管具有硅整流器件的特性，能在高电压、大电流条件下工作，本部分内容包含晶闸管的结构、导通的工作特性和主要参数几个方面。

学习目标

(1) 熟悉晶闸管的结构及工作原理。
(2) 掌握晶闸管导通的工作特性。
(3) 掌握晶闸管的主要参数。

晶体闸流管简称晶闸管,俗称为可控硅,是一种大功率半导体器件。它的出现使半导体器件由弱电领域扩展到强电领域。晶闸管也像半导体二极管那样具有单向导电性。但它的导通时间是可控的,主要用于整流、逆变、调压及开关等方面。

晶闸管具有体积小、质量轻、效率高、动作迅速、维修简单、操作方便、寿命长、容量大(正向平均电流达数千安、正向耐压达数千伏)等优点。因此,在整流电路、无触点输出开关等电路中得到广泛的应用。晶闸管的缺点是静态及动态的过载能力较差,容易受干扰而误导通。

一、一般晶闸管及应用

晶闸管是用硅材料制成的半导体器件。普通单向晶闸管如图7-2(a)所示,是由 P 型和 N 型半导体交替叠合而成的 P-N-P-N 四层半导体元件,具有 3 个 PN 结和 3 个电极,其中 A 为阳极,K 为阴极,G 为控制极(门极)。晶闸管在电路中的符号如图7-2(b)所示。

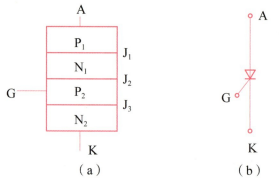

课堂实验

图 7-2 普通晶闸管的结构与符号

单向晶闸管可控单向导电性测试

实验材料:单向晶闸管 KP5、白炽灯、按钮开关、电池等。

实验原理:在导电性能上,晶闸管不仅具有单向导电性,而且还具有比硅整流元件更为可贵的可控性,它只有导通和关断两种状态。实验电路接线如图7-3所示。

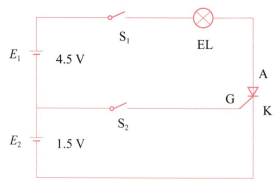

图 7-3 实验电路接线

实验内容:按图7-3所示连接电路,观察灯泡的亮灭情况,并将实验情况记入表7-1中。

表 7-1　单向晶闸管导通实验结果记录表

项目　　　　　状态	灯泡状态（亮/灭）
合上 S_1，断开 S_2	
S_1、S_2 合上	
先合上 S_1、S_2，后断开 S_2	

实验结论：

（1）晶闸管导通后，松开按钮开关，去掉触发电压后仍然维持导通状态；

（2）要使晶闸管导通，一是在它的阳极 A 与阴极 K 之间外加正向电压，二是在它的控制极 G 与阴极 K 之间输入一个正向触发电压。

二、晶闸管的工作特性

1. 正向阻断

如图 7-4（a）所示，给晶闸管加正向电压，即阳极接电源正极，阴极接电源负极，开关 S 断开，灯泡不亮，说明晶闸管加正向电压，但控制极不加控制电压（也叫触发信号）时，晶闸管不导通，这种状态称为晶闸管的正向阻断。

2. 触发导通

如图 7-4（b）所示，给晶闸管加正向电压，且开关 S 闭合，即控制极加控制电压有触发信号，这时灯泡亮，表示晶闸管导通，这种状态称为晶闸管的触发导通。

晶闸管导通后，再将开关 S 断开，灯泡仍亮，这说明晶闸管一旦导通后，控制极就失去了控制作用，要使晶闸管关断，必须减小晶闸管的正向电流，使其小于维持电流，晶闸管即可关断。

3. 反向阻断

如图 7-4（c）所示，给晶闸管加反向电压，此时不管控制极加怎样的电压，灯泡都不会亮，这种状态称为晶闸管的反向阻断。

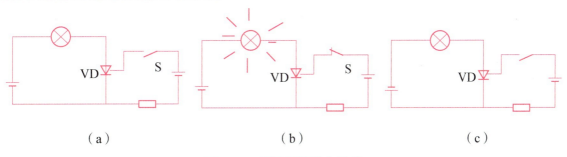

图 7-4　晶闸管的单向特性

通过上述实验，可得出以下结论。

（1）晶闸管与二极管相似，都具有反向阻断能力，但晶闸管还具有正向阻断能力，即晶闸管正向导通必须具备一定条件，即阳极加正向电压，同时控制极还要加正向触发电压。

（2）晶闸管一旦导通，控制极即失去作用。使晶闸管关断的方法是将阳极电流减小到小于其维持电流。

三、晶闸管的伏安特性

在实际应用中，晶闸管的基本特性常用实验曲线来表示阳极-阴极电压 U_{AK} 与阳极电流 I_A 的关系，如图7-5所示，即晶闸管的伏安特性曲线在第一象限的曲线为正向特性，正向特性又分为关断和导通两种状态，当晶闸管阳极与阴极之间加正向电压，控制极不加电压时，只有很小的正向漏电流 I_{DR} 流过晶闸管，即曲线的 A 段，此时阳极与阴极之间呈现很大的电阻，晶闸管处于正向阻断状态；当正向电压过大时（超过不重复峰值电压 U_{BO} 时），正向漏电流突然急剧增大，晶闸管由阻断状态突变为导通状态，由 A 段曲线迅速跨越到 B 段而转到 C 段（如图7-5中虚线所示），这种现象叫"硬开通"，多次硬开通会损坏晶闸管，通常是不允许的。晶闸管导通后的正向特性与二极管正向特性相似，即通过的阳极电流较大时它本身的管压降 U_{AK} 并不大，一般在1 V左右，即特性曲线的 C 段。

晶闸管加正向电压后，当在控制极加触发信号，并且 $I_G=0$ 时，那么晶闸管被触发，它的转折电压 U_{BO} 会随控制电流 I_G 的增大而下降。

晶闸管加反向电压时，只有很小的反向电流 I_R 流过晶闸管，即图7-5中第三象限的 D 段曲线，它与二极管的反向特性相似，晶闸管处于反向阻断状态，当反向电压达到反向转折电压 U_{BR} 时，反向电流会急剧增大，使晶闸管反向击穿造成永久性

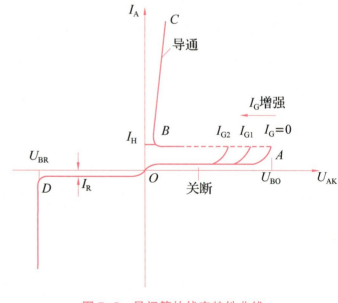

图7-5 晶闸管的伏安特性曲线

损坏，因此可以从晶闸管的伏安特性曲线来了解它的基本特性和基本参数。

四、晶闸管的主要参数

1. 反向阻断峰值电压 U_{RRM}

控制极开路时，允许重复加在晶闸管上的最大反向峰值电压，也称为反向重复峰值电压。

2. 正向阻断峰值电压 U_{DRM}

控制极开路时，重复加在晶闸管上的最大正向峰值电压，也称为正向重复峰值电压。通常 U_{DRM} 和 U_{RRM} 大致相等，习惯上统称为峰值电压，若两者不相等，则取其中较小的电压值定义为正反向峰值电压，且作为额定电压。

3. 正向平均电流 I_F

规定的环境温度和散热条件下，允许通过的工频半波电流在一个周期内的最大平均值。

4. 通态平均电压 U_F

晶闸管导通时管压降的平均值一般在 0.6~1.2 V 内。

5. 维持电流 I_H

在规定的环境温度和散热条件下，维持晶闸管继续导通的最小电流。

6. 控制极触发电压 U_G 和触发电流 I_G

在规定的环境温度和一定的正向电压条件下，使晶闸管从关断到导通所需的最小控制电压和电流。

实践环节

晶闸管探究

步骤1：判断晶闸管的极性

（1）将指针式万用表置于 $R \times 1$ kΩ 挡位，分别测量各极间的正反向电阻值，如果测得某两极间的阻值较小（约 2 kΩ），则黑表笔所接的为门极，红表笔接的为阴极，剩下的引脚为阳极。

（2）如果采用数字式万用表，重复上述测量步骤，若测得某两极间的阻值较小（约 2 kΩ），则红表笔所接的为门极，黑表笔所接的为阴极，剩下的引脚为阳极。

步骤2：判断晶闸管的质量好坏

（1）将指针式万用表置于 $R \times 1$ Ω 挡位，红表笔接阴极，黑表笔接阳极，在黑表笔接阳极的情况下碰触控制极，万用表指针向右偏转说明晶闸管已经导通。断开控制极与黑表笔的接触，晶闸管仍继续保持导通状态，说明晶闸管质量好。

（2）如果门极和阴极之间正反向电阻无穷大，说明晶闸管内部断路。

（3）如果门极和阴极之间的正反向电阻都等于零，或门极与阳极、阳极与阴极之间的正反向电阻都很小，说明晶闸管内部击穿短路。

知识回顾

（1）普通晶闸管3个电极分别用字母（   ）表示。

A. E、B、C B. A、K、G C. E、B_1、B_2 D. T_1、T_2、G

(2) 选取普通晶闸管额定电压的依据是（　　）。

A. 正向重复峰值电压

B. 反向重复峰值电压

C. 正向重复峰值电压和反向重复峰值电压两者中较小者

D. 击穿电压

(3)（2011年高考题）普通晶闸管有（　　）。

A. 两个电极、两个 PN 结   B. 3个电极、3个 PN 结

C. 4个电极、4个 PN 结   D. 3个电极、两个 PN 结

(4)（2017年高考题）关于晶闸管的导通，说法正确的是（　　）。

A. 阴极和阳极间加正向电压   B. 阳极和门极间加正向电压

C. 阳极电流小于维持电流   D. 晶闸管导通后门极失去作用

单元二　晶闸管可控整流电路

晶闸管可控整流电路用于将交流信号转换为直流信号，广泛应用于电力控制领域。常用电路有单相半波可控整流电路和单相半控桥式整流电路。

学习目标

(1) 掌握单相半波可控整流电路的组成及工作原理。
(2) 掌握单相半控桥式整流电路的组成及工作原理。

一、单相半波可控整流电路

晶闸管在正向电压作用下，改变控制极触发信号的触发时间，即可控制晶闸管导通的时间，利用这种特性可以把交流电变成大小可调的直流电，这样的电路称为可控整流电路。

1. 电路组成

图 7-6 所示为单相半波可控整流电路，它主要由整流主电路和触发电路两大部分组成，整流电路与半波整流电路相似，只是将整流二极管换成了晶闸管。

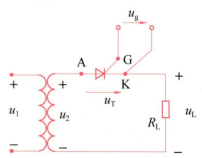

图 7-6　单相半波可控整流电路

2. 工作原理

单相半波可控整流电路的波形如图 7-7 所示。

（1）u_2 为正半周时，晶闸管 VD_Z 承受正向电压，如果这时没加触发电压，则晶闸管处于正向阻断状态，负载电压 $u_L=0$。

（2）ωt_1 时刻给控制极加触发电压 u_G，晶闸管 VD_Z 导通。

（3）在 $\omega t_1 \sim \pi$ 期间，尽管 u_g 在晶闸管导通后即消失，但晶闸管仍然保持导通，此期间负载电压 u_L 与输入电压 u_2 相等，直至 u_2 过零值（π 时刻）时晶闸管才自行关断。

（4）在 $\pi \sim 2\pi$ 期间，u_2 进入负半周，晶闸管承受反向电压，即使控制极加入触发电压 u_g 也不会导通，这时负载电压 $u_L=0$。

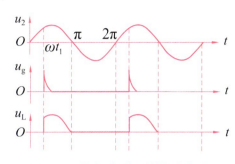

图 7-7　单相半波可控整流波形

晶闸管承受正向电压而不导通的范围称为控制角 α。导通的范围称为导通角 θ，即 $\theta=\pi-\alpha$。显然，控制角 α 越小，导通角 θ 越大，负载上电压平均值 u_L 就越大。通过改变控制角的大小，便可调整输出电压 u_L 的大小。

二、单相半控桥式整流电路

1. 电路组成

将单相桥式整流电路中两只整流二极管换成两只晶闸管便组成单相半控（即半数为晶闸管）桥式整流电路，如图 7-8（a）所示。

2. 工作原理

单相半控桥式整流电路的波形如图 7-8（b）所示。

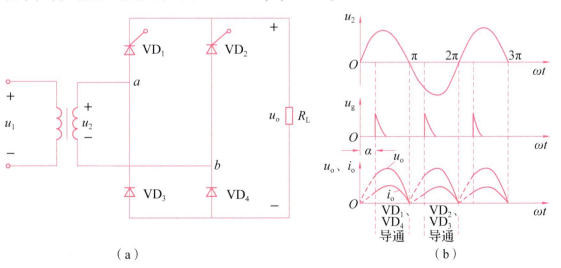

图 7-8　单相半控桥式整流电路

u_2 为正半周时，晶闸管 VD_1 和二极管 VD_4 承受正向电压，如果这时未加触发电压，则晶闸管处于正向阻断状态，输出电压 $u_o=0$。

在 t_1 时刻（$\omega t=\alpha$）加入触发脉冲 u_g，晶闸管 VD_1 触发导通。

在 $\omega t=\alpha \sim \pi$ 期间，尽管触发脉冲 u_g 已消失，但晶闸管仍保持导通，直至 u_2 过零（$\omega t=\alpha$）时，晶闸管才自行关断，在此期间 $u_o=u_2$，极性为上正下负。

u_2 为负半周时，晶闸管 VD_2 和二极管 VD_3 承受正向电压，只要触发脉冲 u_g 到来，晶闸管就导通，负载上所得到的仍为上正下负的电压。

晶闸管承受正向电压而不导通的范围称为控制角 α，导通的范围称为导通角 θ，即 $\theta=\pi-\alpha$。显然，控制角 α 越小，导通角 θ 越大，负载上电压平均值 $U_{O(AV)}$ 就越大。通过改变控制角的大小，便可调整输出电压 u_o 的大小。

输出电压的平均值 $U_{O(AV)}$ 可在 $0 \sim 0.9U_2$ 内连续变化，即

$$U_{O(AV)} = (0 \sim 0.9) U_2 \left(\frac{1+\cos\alpha}{2}\right)$$

晶闸管承受的最大反向（和正向）电压及整流管承受的最大反向电压均为 $\sqrt{2}U_2$，晶闸管正向平均电流为负载平均电流的一半。

单相半控桥式整流电路探究

步骤1：根据电路原理图 7-8（a）搭建实验电路。其中，电源电压接 220 V 交流电，变压器变比设定为 11∶1。

步骤2：将晶闸管的导通角调整为 60°，用示波器观察负载电阻 R_L 两端电压波形，并记录在表 7-2 中。

表 7-2　导通角为 60° 时 R_L 两端电压波形记录表

步骤3：将晶闸管的导通角调整为180°，用示波器观察负载电阻 R_L 两端电压波形，并记录在表7-3中。

表7-3　导通角为180°时 R_L 两端电压波形记录表

思考：比较步骤2和步骤3的波形，可以得出什么结论？

知识回顾

（1）（2008年高考题）晶闸管从承受正向电压到触发导通之间的角度称为（　　）。

A. 导通角　　　　　　B. 超前角　　　　　　C. 滞后角　　　　　　D. 控制角

（2）（2014年高考题）要降低半波可控整流电路输出电压的平均值应（　　）。

A. 增大控制角 α　　　　　　　　　　B. 增大导通角 θ

C. 同时增大 α 和 θ　　　　　　　　　D. 同时减小 α 和 θ

（3）（2016年高考）某车间一台调温加热电炉，工作时需要 0~148.5 V 可调，采用单相桥式可控整流电路，输入交流电压为220 V。试求：

①晶闸管导通角 θ 的调节范围；

②晶闸管承受的最高反向电压 U_{TM}。

单元三　晶闸管的触发电路

晶闸管工作中需要触发信号，这项工作由触发电路完成，常用触发电路有单结晶体管触发电路、集成触发电路、晶体管触发电路等。本单元主要学习单结晶体管振荡电路、单结晶体管同步触发电路的组成及工作原理。

(1) 了解单结晶体管的结构及其性能。
(2) 理解单结晶体管振荡电路的振荡过程。
(3) 理解单结晶体管同步触发电路的组成及工作原理。

一、单结晶体管的结构及其性能

（1）单结晶体管的外形及符号。图 7-9（a）所示为单结晶体管的外形。可以看出，它有 3 个电极，但不是三极管，而是具有 3 个电极的二极管，管内只有一个 PN 结，所以称为单结晶体管。3 个电极中，一个是发射极，两个是基极，所以也称为双基极二极管。双基极二极管的电路符号如图 7-9（b）所示，文字符号用 VT 表示。其中，有箭头的表示发射极 e（或 E）；箭头所指方向对应的基极为第一基极 b_1，表示经 PN 结的电流只流向 b_1（或 B_1）极；第二基极用 b_2（或 B_2）表示。

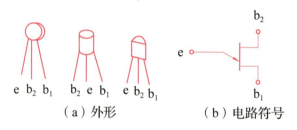

（a）外形　　　　　（b）电路符号

图 7-9　单结晶体管外形及其电路符号

（2）单结晶体管的结构。单结晶体管的结构如图 7-10（a）所示。

（3）单结晶体管的伏安特性。用实验方法可以得出单结晶体管的伏安特性曲线，如图 7-11 所示。在图 7-10（a）中，两个基极 b_1 与 b_2 之间加一个电压 U_{BB}（b_1 接负，b_2 接正），则此电压在 b_1-a 与 b_2-a 之间按一定比例 η 分配，b_1-a 之间电压用 U_A 表示为

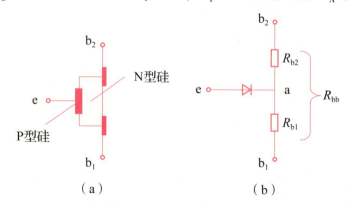

图 7-10　单结晶体管的结构

$$U_A = \frac{R_{b1}}{R_{b1}+R_{b2}} U_{BB} = \eta U_{BB}$$

其中

$$\eta = \frac{R_{b1}}{R_{b1}+R_{b2}}$$

再在发射极 e 与基极 b_1 之间加一个电压 U_{EE}，将可调直流电源 U_{EE} 通过限流电阻 R_e 接到 e 和 b_1 之间，当外加电压 $u_{EB1} < U_A + U_J$（U_J 为单结晶体管正向压降）时，PN 结上承受了反向电压，发射极上只有很小的反向电流通过，单结晶体管处于截止状态，这段特性区称为截止区，如图 7-11 中的 AP 段所示。

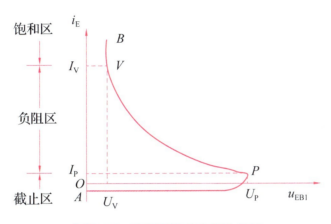

图 7-11 单结管的伏安特性曲线

当 $u_{EB1} > U_A + U_J$ 时，PN 结正偏，i_E 猛增，R_{b1} 急剧下降，η 下降，U_A 也下降，PN 结正偏电压增加，i_E 更大。这一正反馈过程使 u_{EB1} 反而减小，呈现负阻效应，如图 7-11 中的 PV 段曲线所示，这一段伏安特性称为负阻区；P 点处的电压 U_P 称为峰点电压，相对应的电流称为峰点电流，峰点电压是单结晶体管的一个很重要的参数，它表示单结晶体管未导通前最大发射极电压，当 u_{EB1} 稍大于 U_P 或者近似等于 U_P 时，单结晶体管电流增加，电阻下降，呈现负阻特性，所以习惯上认为达到峰点电压 U_P 时，单结晶体管就导通，峰点电压 U_P 为 $U_P = \eta U_{BB} + U_J$。

当 u_{EB1} 降低到谷点以后，i_{EB1} 增加，u_E 也有所增加，器件进入饱和区，如图 7-11 中的 VB 段曲线所示，其动态电阻为正值。负阻区与饱和区的分界点 V 称为谷点，该点的电压称为谷点电压 U_V。谷点电压 U_V 是单结晶体管导通的最小发射极电压，在 $u_{EB1} < U_V$ 时，器件重新截止。

二、单结晶体管振荡电路

单结晶体管振荡电路如图 7-12 所示，振荡过程如下。

（1）当 $U_E = u_C < U_P$ 时，单结晶体管不导通，$u_o \approx 0$。

此时 R_1 上的电流很小，其值为

$$i_{R_1}=\frac{u}{R_1+R_{B1}+R_{B2}+R_2}\approx\frac{u}{R_{B1}+R_{B2}}$$

R_1、R_2 是外加的，不同于内部的 R_{B1}、R_{B2}。前者一般取几十欧至几百欧；$R_{B1}+R_{B2}$ 一般为 $2\sim15\ \text{k}\Omega$。

（2）随着电容的充电，u_C 逐渐升高。当 $u_C\geqslant U_P$ 时，单结晶体管导通，$R_{B1}\to 0$；然后电容通过 R_1 放电，当放电至 $u_C\leqslant U_V$ 时，单结晶体管重新关断，使 $u_o\approx 0$。R_1 上便得到一个脉冲电压。

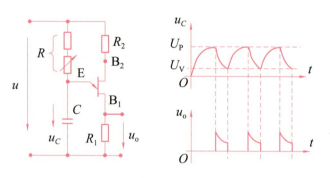

图 7-12　单结晶体管振荡电路

三、单结晶体管同步触发电路

1. 电路组成及工作原理

电路如图 7-13（a）所示，图中下半部分为主回路，是一单相半控桥式整流电路。上半部分为单结晶体管触发电路。T 为同步变压器，它的初级线圈与可控桥路均接在 220 V 交流电源上，次级线圈得到同频率的交流电压，经单相桥式整流变成脉动直流电压 U_{AD}，再经稳压管削波变成梯形波电压 U_{BD}。此电压为单结晶体管触发电路的工作电压，加削波环节的目的首先是起到稳压作用，使单结晶体管输出的脉冲幅值不受交流电源波动的影响，提高了脉冲的稳定性。

其次，经过削波后，可提高交流同步电压的幅值，增加梯形波的陡度，扩大移相范围。由于主、触回路接在同一交流电源上，起到了很好的同步作用，当电源电压过零时，振荡自动停止，故电容每次充电时，总是从电压的零点开始，这样就保证了脉冲与主电路可控硅阳极电压同步。

在每个周期内的第一个脉冲为触发脉冲，其余的脉冲没有作用。调整电位器 R_P，使触发脉冲移相，改变控制角 α。电路中各点波形如图 7-13（b）所示。

2. 对触发电路的要求

为了保证可靠地触发，对触发电路的要求如下：

（1）触发脉冲上升沿要陡，以保证触发时刻的准确；

(2) 触发脉冲电压幅度必须满足要求，一般为 4~10 V；

(3) 触发脉冲要有足够的宽度，以保证可靠触发；

(4) 为避免误导通，不触发时，触发输出的漏电压小于 0.2 V；

(5) 触发脉冲必须与主电路的交流电源同步，以保证晶闸管在每个周期的同一时刻触发。

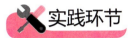

单结晶体管同步触发电路探究

步骤 1：根据电路原理图 7-13（a）搭建实验电路。其中，电源电压接 220 V 交流电，变压器变比设定为 11∶1。

步骤 2：调整电位器 R_P，使控制角为 60°，分别观察 AD 端、BD 端与输出端的电压波形，并将它们的电压波形记录在表 7-4 中。

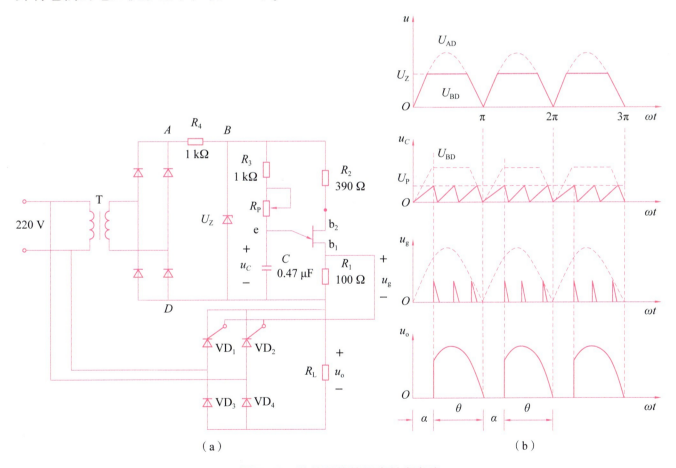

图 7-13 单结晶体管同步触发电路

表 7-4 控制角为 60°时 AD、BD 端与输出端的电压波形记录表

步骤3：调整电位器 R_P，使控制角为90°，分别观察 AD、BD 端与输出端的电压波形，并将它们的电压波形记录在表7-5中。

表7-5　控制角为90°时 AD、BD 端与输出端的电压波形记录表

思考：单结晶体管触发电路的移相范围能否达到180°？

知识回顾

（1）单结晶体管用于可控整流电路，其作用是组成（　　　）。

A. 整流电路　　　　B. 放大电路　　　　C. 反相电路　　　　D. 控制电路

（2）单结晶体管的本质是（　　　），管内 PN 结的个数为（　　　）个。

A. 二极管，2　　　B. 三极管，2　　　C. 二极管，1　　　D. 三极管，1

课题八

数字电路基础

数字电路是现代电子技术中的重要组成部分，它是由数字信号进行处理和传输的电路系统。数字电路的定义是指由逻辑门和触发器等基本逻辑元件组成的电路，用于处理和传输数字信号。数字电路通过将输入信号转换为离散的数字形式，并通过逻辑门的组合和触发器的状态变化来实现各种逻辑功能和运算。数字电路的设计和实现是基于二进制系统的，其中的信号只有两个状态，即0和1。通过逻辑门的组合和触发器的状态变化，数字电路可以实现逻辑运算、数据存储和传输等功能。

数字电路在日常生活中的应用很多，尤其是数字电路和计算机技术的发展，使数字电路的应用越来越普遍，它已经被广泛应用于工业、农业、通信、医疗、家用电子等各个领域，如工农业生产中用到的数控机床、温度控制、气体检测、家用冰箱、空调的温度控制、通信用的数字手机以及正在发展中的网络通信、数字化电视等。随着信息技术产业的蓬勃发展，数字电路的应用已经深入到生活的每一个角落。

本课题着重研究数字电路基础性方面的知识，如逻辑门电路、数制与码制以及逻辑函数的化简。下面就一起来学习数字电路基础的相关知识。

单元一 逻辑门电路

逻辑门电路是数字电路的基本组成单元，所谓"门"就是能实现基本逻辑关系的电路。逻辑门电路既有用电阻、电容、二极管、三极管等分立元件构成的分立元件门电路，也有将门电路的所有器件及连接导线制作在同一块半导体基片上构成的集成逻辑门电路。

下面我们一起来学习逻辑门电路的相关知识。

学习目标

（1）了解与、或、非等基本逻辑关系。
（2）掌握常见的逻辑门电路及其真值表和逻辑表达式。
（3）认识常见的集成 TTL 门电路。

逻辑门电路是用以实现一定逻辑关系的电子电路，简称门电路，是组成数字电路的最基本单元。

一、简单门电路

1. 与逻辑关系以及与门电路

课堂实验

用两个开关串联控制一盏灯——与逻辑

如图 8-1 所示，很显然，若要灯亮，则两个开关必须全都闭合。如有一个开关断开，灯就不亮。

与逻辑关系：仅当决定事件（Y）发生的所有条件（A，B，C，…）均满足时，事件（Y）才能发生，这种逻辑关系称为与逻辑关系。在逻辑代数中，与逻辑又称为逻辑乘。

与逻辑真值表：用 A 和 B 分别代表两个开关，并假定闭合为 1，断开为 0；Y 代表灯，亮为 1，灭为 0，则与逻辑关系可用表 8-1 表示。这种把所有可能的条件组合及其对应结果依次列出来的表叫作真值表。

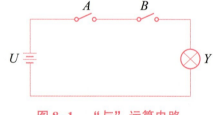

图 8-1 "与"运算电路

表 8-1 与逻辑真值表

A	B	Y
0	0	0
0	1	0
1	0	0
1	1	1

与逻辑表达式：$Y = A \cdot B = AB$

其中，"·"为逻辑乘符号，也可省略。读作"A 与 B"。

与逻辑符号：实现与逻辑关系的电路称为与门电路。其逻辑符号如图8-2所示。

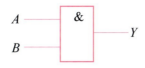

图8-2　与逻辑符号

与逻辑功能：与逻辑功能可表述为"输入全1，输出为1；输入有0，输出为0"。

2. 或逻辑关系以及或门电路

用两个开关并联控制一盏灯——或逻辑

如图8-3所示，可以看出，两个开关中只要有一个闭合，灯就亮；如果想要灯灭，则两个开关必须全断开。

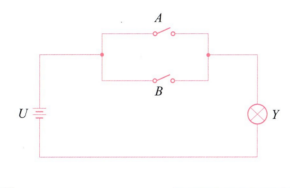

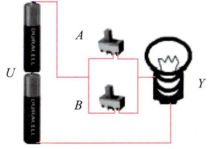

开关A	开关B	灯Y
不闭合	不闭合	不亮
不闭合	闭合	亮
闭合	不闭合	亮
闭合	闭合	亮

图8-3　或逻辑电路

或逻辑关系：当决定事件（Y）发生的各种条件（A，B，C，…）中，只要有一个或多个条件具备，事件（Y）就发生。在逻辑代数中，或逻辑又称逻辑加。

或逻辑真值表：用A和B分别代表两个开关，并假定闭合为1，断开为0；Y代表灯，亮为1，灭为0，则或逻辑的真值表如表8-2所示。

表 8-2 或逻辑的真值表

A	B	Y
0	0	0
0	1	1
1	0	1
1	1	1

或逻辑表达式：$Y=A+B$

其中，"+"为逻辑加符号。$A+B$ 读作 "A 或 B"。

或逻辑符号：实现或逻辑关系的电路称为或门电路。其逻辑符号如图 8-4 所示。

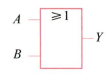

图 8-4 或逻辑符号

或逻辑功能：或逻辑功能可表述为"输入有 1，输出为 1；输入全 0，输出为 0"。

3. 非逻辑关系以及非门电路

用一个开关控制一盏灯——非逻辑

如图 8-5 所示，开关闭合，灯就灭，如果想要灯亮，则开关需断开。

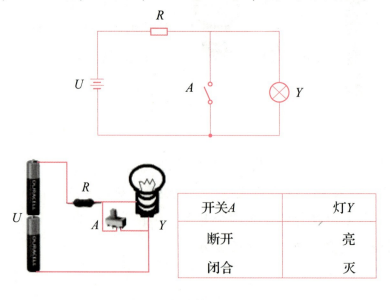

开关A	灯Y
断开	亮
闭合	灭

图 8-5 非运算（非逻辑）

非逻辑关系：当决定事件（Y）发生的条件（A）满足时，事件不发生；条件不满足时，事件反而发生。在逻辑代数中，非逻辑又称反逻辑。

真值表：用 A 代表开关，并假定闭合为 1，断开为 0；Y 代表灯，亮为 1，灭为 0，则非逻辑的真值表如表 8-3 所示。

表 8-3 非逻辑的真值表

A	$Y=\overline{A}$
0	1
1	0

非逻辑表达式：$Y=\overline{A}$。

其中，顶部"-"为逻辑非符号。$\overline{A}$ 读作"A 非"或"A 反"。

非逻辑符号：实现非逻辑关系的电路称为非门电路。其逻辑符号如图 8-6 所示。

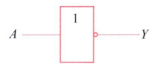

图 8-6 非逻辑符号

非逻辑功能：非逻辑功能可表述为"输入为 1，输出为 0；输入为 0，输出为 1"。

4. 异或门电路

在集成逻辑门中，异或逻辑主要为二输入变量门，对三输入或更多输入变量的逻辑，都可以由二输入门导出。所以，常见的异或逻辑是二输入变量的情况。

对于二输入变量的异或逻辑，当两个输入端取值不同时，输出为 1；当两个输入端取值相同时，输出端为 0。二输入异或门真值表如表 8-4 所示。实现异或逻辑运算的逻辑电路称为异或门。图 8-7 所示为二输入异或门的逻辑符号。

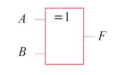

图 8-7 异或门逻辑符号

相应的逻辑表达式为

$$F=A\oplus B=\overline{A}B+A\overline{B}$$

表 8-4 二输入异或门真值表

A	B	$F=A\oplus B$
0	0	0
0	1	1
1	0	1
1	1	0

"异或"运算之后再进行"非"运算，则称为"同或"运算。实现"同或"运算的电路称为同或门。同或门的逻辑符号如图 8-8 所示。

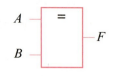

图 8-8　同或门逻辑符号

二输入变量同或运算的逻辑表达式为

$$F = A \odot B = \overline{A \oplus B} = \overline{A}\,\overline{B} + AB$$

二输入同或门真值表如表 8-5 所示。

表 8-5　二输入同或门真值表

A	B	$F = A \odot B$
0	0	1
0	1	0
1	0	0
1	1	1

5. 复合门电路

表 8-6 所示为常用与非门、或非门和异或门的逻辑组成、逻辑表达式及逻辑符号的对比。

表 8-6　各种逻辑门电路对比

名称	逻辑组成	逻辑符号	逻辑表达式
与非门	(与门+非门)	(与非门符号)	$Y = \overline{A \cdot B}$
或非门	(或门+非门)	(或非门符号)	$Y = \overline{A + B}$
异或门	(与门、与门、或门、非门组合)	(复合符号)	$Y = \overline{AB + CD}$

二、集成 TTL 门电路

集成 TTL 门电路的输入端和输出端都采用了晶体三极管，称之为双极型晶体三极管集成电路，简称集成 TTL 门电路。它的开关速度快，是目前应用较多的一种集成逻辑门。

普通集成 TTL 门电路介绍如下。

（1）与非门。图 8-9 所示为 74LS00（T4000）四 2 输入与非门引脚排列图，其逻辑表达式为 $Y=\overline{A \cdot B}$。

（2）与门。图 8-10（a）所示为三 3 输入与门的引脚排列图，其逻辑表达式为 $Y=ABC$。

（3）非门。图 8-10（b）所示为六反相器（非门）的引脚排列图，其逻辑表达式为 $Y=\overline{A}$。

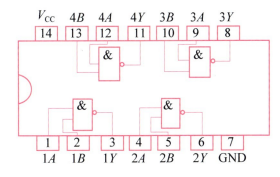

图 8-9　74LS00 引脚图

（4）或非门。图 8-10（c）所示为四 2 输入或非门的引脚排列图，其逻辑表达式为 $Y=\overline{A+B}$。

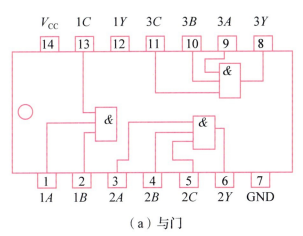

（a）与门

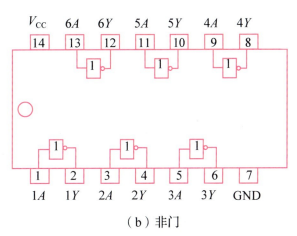

（b）非门

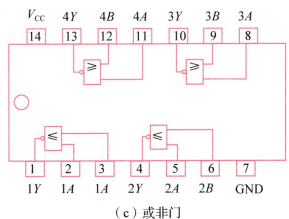

（c）或非门

图 8-10　与门、非门、或非门引脚排列图

与非门逻辑探究

步骤 1：根据表 8-7 所示的真值表，写出逻辑函数表达式，并化简成与非-与非式。

表 8-7 真值表

输入		输出
A	B	F
0	0	0
0	1	1
1	0	1
1	1	1

步骤 2：选用集成逻辑门芯片 74LS00，在图 8-11 所示的引脚图上连线实现此逻辑功能。

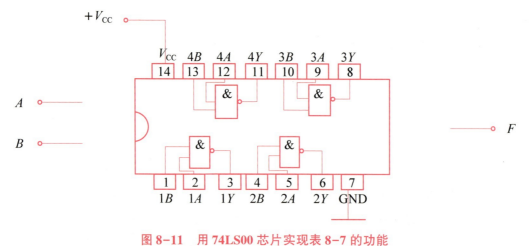

图 8-11 用 74LS00 芯片实现表 8-7 的功能

思考：74LS00 的引脚排列有什么规律？

(1) 逻辑门电路是数字电路的基本单元，一般有多个_____，一个_____。

(2) 写真值表时，若输入变量数为 3，则输入变量不同的组合数目为（　　）。

A. 2　　　　　　　B. 4　　　　　　　C. 8　　　　　　　D. 16

(3) 判断两个输入状态是否相同，当输入状态相同时，输出低电平的门电路是（　　）。

A. 或门　　　　　　B. 与门　　　　　　C. 异或门　　　　　　D. 或非门

(4)（2014 年高考题）符合或非门逻辑功能的是（　　）。

A. 有 0 出 1，全 1 出 0　　　　　　B. 有 1 出 1，全 0 出 0

C. 有 0 出 1，有 1 出 0　　　　　　D. 有 1 出 0，全 0 出 1

(5)（2020 年高考题）下列逻辑门，只要有一个输入为 0，输出一定为 1 的是（　　）。

A. 与门　　　　B. 或门　　　　C. 或非门　　　　D. 与非门

(6)（2024 年技能理论题）对于集成电路 74LS86，下列对同一组集成逻辑门的引脚叙述正确的是（　　）。

A. 2 脚、3 脚为输入端，1 脚为输出端　　B. 6 脚、7 脚为输入端，8 脚为输出端

C. 8 脚、9 脚为输入端，10 脚为输出端　　D. 12 脚、13 脚为输入端，11 脚为输出端

单元二　数制与码制

数制和码制是数字电路的基础。数制即计数体制，是指人们进行计数的方法和规则。例如，我们平时计时采用的就是六十进制，计算机中的计数方式是二进制。码制即编码体制，在数字电路中主要是指用二进制数来表示非二进制数字以及字符的编码方法和规则，在本单元会学到 8421 码、5421 码和余 3 码等不同的编码规则。

下面就一起来学习数制与码制的相关知识。

学习目标

(1) 理解数制与码制的概念。

(2) 掌握二进制、十进制、十六进制数码的表示、通式及各种数制之间的转换。

(3) 掌握 8421 码、5421 码和余 3 码的表示以及它们之间的转换。

人们习惯使用的是十进制数（如 563），而在实际的数字电路中采用十进制十分不便，因为十进制有 10 个数码，要想严格区分开必须有 10 个不同的电路状态与之相对应，这在技术上实现起来比较困难。因此，在实际数字电路中一般不直接采用十进制，而广泛应用二进制，但又由于二进制数有字码长、位数多的缺点，因此在数字计算机编程中，为了书写方便，也常采用十六进制，有时也采用八进制的计数方式。

一、数制

1. 相关概念

(1) 数制：就是数的进位制。

(2) 位权（位的权数）：同一数码在不同位置上所表示的数值是不同的。

2. 十进制数

（1）采用 0、1、2、…、9 等 10 个基本数码。

（2）运算规律：逢十进一、借一当十。

例如，十进制数 55，计算过程如下：

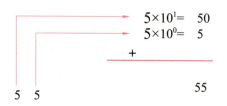

所以，十进制数 55 的位权展开式为：$(55)_{10}=5\times10^1+5\times10^0$。

3. 二进制数

（1）采用 0 和 1 两个基本数码。

（2）运算规律：逢二进一，借一当二。

例如，二进制数的位权展开式：

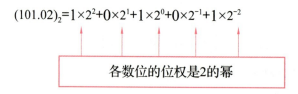

$$(101.02)_2 = 1\times2^2+0\times2^1+1\times2^0+0\times2^{-1}+1\times2^{-2}$$

其中，2^2、2^1、2^0、2^{-1}、2^{-2} 为位权。

二进制数只有 0、1 两个数码，适合数字电路状态的表示（如用晶体二极管的开和关表示 0 和 1、用晶体三极管的截止和饱和表示 0 和 1），电路实现起来比较容易。

4. 十六进制数

（1）采用 0~9、A~F 等 16 个数码，符号 A~F 对应 10~15。

（2）运算规律：逢十六进一，借一当十六。

例如，十六进制数的位权展开式：

$$(8F8)_{16}=8\times16^2+15\times16^1+8\times16^0$$

5. 不同数制的转换

（1）二进制转换为十进制的方法是：先写出二进制的位权展开式，然后按十进制相加，就可得到等值的十进制数。

（2）二进制转十六进制：因为二进制数仅由 0 和 1 组成，二进制数的低位到高位分别表示 1，2，4，8，16，32，…，即 2 的 $n-1$ 次方。对于 4 位二进制数，从高到低分别是 8、4、2、1。二进制转十六进制，只需将二进制数从右向左每 4 位一个组合，每个组合以一个十六进制数表示。例如，对 111010 进行 4 个 4 个组合后相当于 0011 1010（注意位数不足时补 0），

而 $(0011)_2=2+1=3$，$(1010)_2=8+2=A$，所以转换成的十六进制数是 3A。

反过来，十六进制转二进制时，只需把十六进制的每一位分解成 4 位二进制数即可，比如十六进制的 35，首先变 3，3 介于 2 和 4 之间，就想办法把 2 和 1 凑成 3，2+1=3，所以只有第一位和第二位是 1，即 0011；再变 5，5 介于 4 和 8 之间，就要想办法把 8 以前的 4、2、1 这 3 位数凑成 5，可知 4+1=5，所以第一位和第三位为 1，即 0101，所以转换成的二进制数是 00110101。

二、码制

在数字系统中可用多位二进制数码来表示数量的大小，也可表示各种文字、符号等，这样的多位二进制数码叫代码。数字电路处理的是二进制数据，而人们习惯使用十进制，所以就产生了用 4 位二进制数表示一位十进制数的计数方法，这种用于表示十进制数的二进制代码称为二-十进制代码，简称 BCD 码。其中 8421BCD 码使用最多。

8421BCD 码：表示方法为 4 位二进制数码的位权从高位到低位依次是 8（2^3）、4（2^2）、2（2^1）、1（2^0）。十进制数与 8421BCD 码的对应关系如表 8-8 所示。

表 8-8 十进制数与 8421BCD 码的对应关系

十进制数	0	1	2	3	4	5	6	7	8	9
二进制数	0000	0001	0010	0011	0100	0101	0110	0111	1000	1001

在 8421BCD 码中利用 4 位二进制数的 16 种组合 0000～1111 中的前 10 种组合：0000～1001 代表十进制数的 0～9，后 6 种组合 1010～1111 为无效码。用 8421BCD 码表示十进制数时，将十进制数的每个数码分别用对应的 8421BCD 码组代入即可。例如，十进制 365 用 8421BCD 码表示时，直接将十进制数 3、6、5 对应的 4 位二进制数码 0011、0110、0101 代入即可得到转换结果，即 $(365)_{10}=(0011\ 0110\ 0101)_{8421BCD}$。

【例 1】把十进制数 78 表示为 8421BCD 码的形式。

解：$(78)_{10}=(0111\ 1000)_{8421BCD}$

5421BCD 码：5421BCD 码各位的权依次为 5、4、2、1，也是有权码。其显著特点是最高位连续 5 个 0 后连续 5 个 1。当计数器采用这种编码时，最高位可产生对称方波输出。5421BCD 码的编码方案不是唯一的。

余 3 码：是由 8421BCD 码加上 0011 形成的一种无权码，由于它的每个字符编码比相应的 8421 码多 3，故称为余 3 码。它是 BCD 码的一种。

余 3 码是一种对 9 的自补代码，因而可给运算带来方便。其次，在将两个余 3 码表示的十进制数相加时，能正确产生进位信号，但对"和"必须修正。修正的方法是：如果有进位，则结果加 3；如果无进位，则结果减 3。

例如，(526)₁₀ =（0101 0010 0110）₈₄₂₁BCD =（1000 0101 1001）余3码

一般各种码制的转换是将它们先转换成十进制数，再转换成相应的码制。

实践环节

认识电子世界中的常见数制

步骤 1：如图 8-12 所示，观察钟表的进制。

思考：秒与分之间是多少进制？分与时之间是多少进制？

步骤 2：图 8-13 所示为单片机。单片机中常用的进制为二进制、十进制、十六进制。

思考：为什么单片机中常用的进制是这些？

图 8-12　时钟

图 8-13　单片机

知识回顾

（1）（2016 年高考题）下列 4 个数中，最大的数是（　　）。

A.（10100000）₂　　　　　　　　B.（198）₁₀

C.（AF）₁₆　　　　　　　　　　D.（001010000010）BCD

（2）（2018 年高考题）（001100011001）₈₄₂₁BCD 对应的十进制数是（　　）。

A. 319　　　　B. 519　　　　C. 631　　　　D. 915

（3）（2019 年高考题）（110011）₂ 对应的十进制数是（　　）。

A. 49　　　　B. 50　　　　C. 51　　　　D. 52

（4）（2020 年高考题）将（00100101）₈₄₂₁BCD 转换成十六进制数是（　　）。

A.（45）₁₆　　　　B.（29）₁₆　　　　C.（25）₁₆　　　　D.（19）₁₆

（5）（1E7）₁₆ =（　　）₁₀ =（　　）₂ =（　　）₈₄₂₁BCD。

单元三 逻辑函数的化简

逻辑函数不同的表达式形式对应不同的逻辑电路结构,在实际应用中,常常需要在实现同样的逻辑功能下,能够以最简单、最合理、最稳定的电路来达成目的,这就需要对逻辑函数进行化简。

下面,就一起来学习逻辑函数化简的相关知识。

学习目标

(1) 了解逻辑代数的运算规则。
(2) 掌握逻辑函数的基本定律和公式。
(3) 掌握逻辑函数的公式化简法。
(4) 掌握逻辑函数的不同表示方法及相互间的转换。

一、基本逻辑运算

逻辑代数又称布尔代数,是分析数字电路所使用的数学工具。任何事物的因果关系均可用逻辑代数中的逻辑关系表示,这些逻辑关系也称逻辑运算。

逻辑代数的基本运算及规则如下。

1. 逻辑代数运算规则

逻辑代数基本运算只有与(AND)、或(OR)、非(NOT)3种。

与运算规则:$0 \cdot 0 = 0$,$0 \cdot 1 = 0$,$1 \cdot 0 = 0$,$1 \cdot 1 = 1$。

或运算规则:$0+0=0$,$0+1=1$,$1+0=1$,$1+1=1$。

非运算规则:$\bar{0}=1$,$\bar{1}=0$。

2. 逻辑代数的基本定律和公式

逻辑代数的基本定律和公式如表 8-9 所示。

表 8-9 逻辑代数的基本定律和公式

名称	公式 1	公式 2
0-1 律	$A \cdot 1 = A$ $A \cdot 0 = 0$	$A + 0 = A$ $A + 1 = 1$

续表

名称	公式1	公式2
互补律	$A\bar{A}=0$	$A+\bar{A}=1$
重叠律	$A \cdot A = A$	$A+A=A$
交换律	$A \cdot B = B \cdot A$	$A+B=B+A$
结合律	$A(BC)=(AB)C$	$A+(B+C)=(A+B)+C$
分配律	$A(B+C)=AB+AC$	$A+(BC)=(A+B)(A+C)$
反演律（又称摩根定律）	$\overline{AB}=\bar{A}+\bar{B}$	$\overline{A+B}=\bar{A}\bar{B}$
吸收律	$A+(A+B)=A$ $A(\bar{A}+B)=AB$	$A+AB=A$ $A+\bar{A}B=A+B$
双重否定律	$\bar{\bar{A}}=A$	否定之否定规律

注意：证明上述各定律可用列真值表的方法，即分别列出等式两边逻辑表达式的真值表，若两个真值表完全一致，则表明两个表达式相等，定律得证。

证明反演律：$\overline{A+B}=\bar{A} \cdot \bar{B}$。

证明：将等式两端列出真值表，如表8-10所示。

表8-10 $\overline{A+B}=\bar{A} \cdot \bar{B}$ 真值表

A	B	$\overline{A+B}$	$\bar{A} \cdot \bar{B}$
0	0	1	1
0	1	0	0
1	0	0	0
1	1	0	0

由表8-10可知，$\overline{A+B}=\bar{A} \cdot \bar{B}$，所以等式成立。

二、逻辑函数的公式化简法

逻辑函数化简的意义在于逻辑表达式越简单，实现它的电路越简单，电路工作越稳定可靠。逻辑函数的公式化简法就是运用逻辑代数的运算规则、基本公式和定律来化简逻辑函数。

逻辑函数的表达式及最简式的概念：对于一个逻辑函数可用多种不同的表达式表示，大致可分为"与或""或与""与非-与非""或非-或非""与或非"表达式。

所谓最简式，必须是乘积项的个数最少，其次是每个乘积项中所含变量个数最少。

注意：由于同一个逻辑函数可用多种不同的表达式表示，所以公式化简法是没有固定步骤的，下面介绍几种常用的化简方法。

（1）并项法：利用公式 $A+\bar{A}=1$，将两乘积项合并为一项，并消去一个互补（相反）的变量。例如

$$Y=A\overline{BC}+\bar{A}\ \overline{BC}=(A+\bar{A})\ \overline{BC}=\overline{BC}$$

（2）吸收法：利用公式 $A+AB=A$ 吸收多余的乘积项。例如

$$Y=\overline{AB}+\overline{AB}C=\overline{AB}$$

（3）消去法：利用公式 $A+\bar{A}B=A+B$ 消去多余因子。例如

$$Y=\bar{A}+AC+B\bar{C}D=\bar{A}+C+B\bar{C}D=\bar{A}+C+BD$$

（4）配项法：利用公式 $A+\bar{A}=1$，给某函数配上适当的项，进而可以消去原函数式中的某些项。例如

$$AB+\bar{A}C+BC=AB+\bar{A}C+(A+\bar{A})BC=AB+\bar{A}C+ABC+\bar{A}BC=AB+\bar{A}C$$

例如，化简函数 $Y=A\bar{B}+B\bar{C}+\bar{B}C+\bar{A}B$。

分析：表面看来似乎无从下手，好像 Y 不能化简，已是最简式。但如果采用配项法则可以消去一项。

解法一：

$$\begin{aligned}Y&=A\bar{B}+B\bar{C}+(A+\bar{A})\bar{B}C+\bar{A}B(C+\bar{C})\\&=A\bar{B}+B\bar{C}+A\bar{B}C+\bar{A}\bar{B}C+\bar{A}BC+\bar{A}B\bar{C}\\&=A\bar{B}+B\bar{C}+\bar{A}C\end{aligned}$$

解法二：若前两项配项，后两项不动，则

$$Y=A\bar{B}(C+\bar{C})+(A+\bar{A})B\bar{C}+\bar{B}C+\bar{A}B=A\bar{B}+B\bar{C}+\bar{A}C$$

由此可见，公式法化简的结果并不是唯一的。如果两个结果形式（项数、每项中变量数）相同，则两者均正确，可以验证两者逻辑相等。

三、逻辑函数的表示法

表示一个逻辑函数有多种方法，常用的有真值表、逻辑函数式、逻辑图、波形图。它们各有特点又相互联系，还可以相互转换。

【例1】已知函数的逻辑表达式 $Y=AB+\bar{A}B$，列出 Y 的真值表，并画出逻辑图。

解：该函数有两个变量，有4种取值的可能组合，将它们按顺序排列起来即得真值表，如表8-11所示。

表 8-11　$Y=AB+\overline{AB}$ 真值表

A	B	Y
0	0	1
0	1	0
1	0	0
1	1	1

1. 由真值表求逻辑表达式

将真值表中函数值等于 1 的变量组合选出；每个组合中凡取值为 1 的变量写成原变量的形式（如 A、B、C），取值为 0 的变量写成反变量的形式（如 $\overline{A}$、$\overline{B}$、$\overline{C}$）；将同一组合中的所有变量相乘得到一个乘积项；最后将所有组合的乘积项相加就可得到逻辑表达式。

【例 2】已知逻辑函数的真值表如表 8-12 所示，求逻辑表达式。

表 8-12　例 2 的真值表

A	B	C	Y
0	0	0	0
0	0	1	0
0	1	0	0
0	1	1	1
1	0	0	0
1	0	1	1
1	1	0	1
1	1	1	1

解：$Y=1$ 的变量组合有 011、101、110、111。各个组合对应的乘积项为 $\overline{A}BC$、$A\overline{B}C$、$AB\overline{C}$、ABC。将所有乘积项相加，即得 $Y=\overline{A}BC+A\overline{B}C+AB\overline{C}+ABC$。

【例 3】由逻辑图求逻辑表达式。

根据已知逻辑图，由逻辑图逐级写出逻辑表达式。

写出图 8-14 所示逻辑图的函数表达式。

解：由输入至输出逐步写出逻辑表达式为

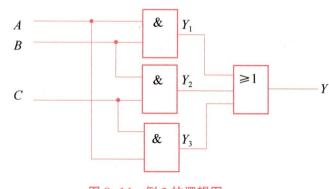

图 8-14　例 3 的逻辑图

$$Y_1 = AB$$
$$Y_2 = BC$$
$$Y_3 = AC$$
$$Y = Y_1 + Y_2 + Y_3 = AB + BC + AC$$

2. 由逻辑表达式画逻辑图

与、或、非的运算组合可实现逻辑表达式,相应地,逻辑图的组合也能给定逻辑表达式相应的逻辑图,如图 8-15 所示。

【练习】逻辑函数的逻辑图如图 8-16 所示,请写出表达式,并列出逻辑函数的真值表。

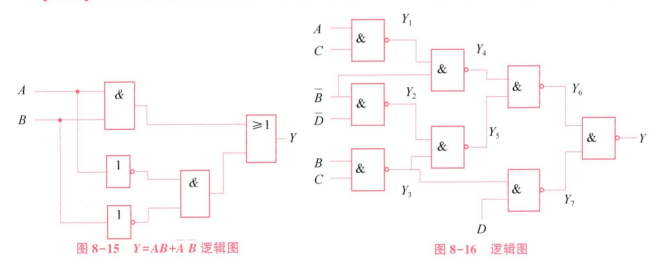

图 8-15　$Y = AB + \overline{A}\,\overline{B}$ 逻辑图　　　　　图 8-16　逻辑图

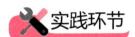

逻辑函数化简的意义探究

步骤 1:根据逻辑函数 $L_1 = A + BC + A\overline{B} + AC$ 搭建电路。

(1) 根据图 8-17 所示的门电路原理图,选择相应芯片搭建逻辑门电路。

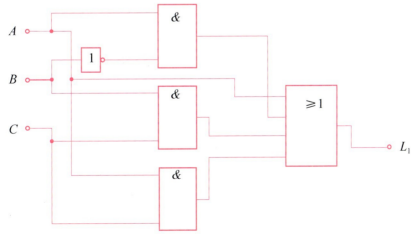

图 8-17　门电路原理图(1)

（2）将 A、B、C 这 3 个输入端分别接入高、低电平，观察输出端 L_1 的电平变化，并填入真值表，见表 8-13。

表 8-13　$L_1 = A + BC + A\bar{B} + AC$ 真值表

A	B	C	L_1
0	0	0	
0	0	1	
0	1	0	
0	1	1	
1	0	0	
1	0	1	
1	1	0	
1	1	1	

步骤 2：根据逻辑函数 $L_2 = A + BC$ 搭建电路。

（1）根据图 8-18 所示的门电路原理图，选择相应芯片搭建逻辑门电路。

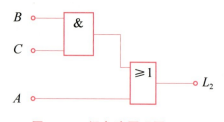

图 8-18　门电路原理图（2）

（2）将 A、B、C 这 3 个输入端分别接入高、低电平，观察输出端 L_2 的电平变化，并填入真值表中，见表 8-14。

表 8-14　真值表

A	B	C	L_2
0	0	0	
0	0	1	
0	1	0	
0	1	1	
1	0	0	
1	0	1	
1	1	0	
1	1	1	

步骤 3：对比真值表。

对比表 8-13 和表 8-14 中输出端 L_1 和 L_2 的值，观察是否有区别。

步骤 4：化简逻辑函数。

将逻辑函数 $L_1=A+BC+A\bar{B}+AC$ 进行化简，并与 $L_2=A+BC$ 进行比较。

思考：

（1）通过以上 3 个步骤，可以得出什么结论？

（2）逻辑函数化简的意义是什么？

知识回顾

（1）（2017 年高考题）逻辑式 $A+AB$ 可化简为（　　）。

A. AB　　　　　　B. $A+B$　　　　　　C. $2A$　　　　　　D. A

（2）（2019 年高考题）属于三变量逻辑函数最小项的是（　　）。

A. AAB　　　　　B. $XY\bar{X}Z$　　　　C. $ABCB$　　　　　D. $E\bar{F}G$

（3）（2019 年高考题）下列逻辑表达式正确的是（　　）。

A. $AB+A\bar{B}=A+B$　　　　　　　　　B. $\overline{X+Y}=\bar{X}+\bar{Y}$

C. $E+EG=E+G$　　　　　　　　　　　D. $D+\bar{D}E=D+E$

（4）（2020 年高考题）将逻辑函数 $Y=AB+AB+\bar{A}B$ 化简为最简式是（　　）。

A. $Y=\bar{A}B$　　　　B. $Y=AB$　　　　C. $Y=B$　　　　D. $Y=\bar{A}+B$

课题九

组合逻辑电路

> 组合逻辑电路是数字电路中一类重要的类型，它是由多个逻辑门组成的电路。组合逻辑电路在生活中有着广泛的应用，它可以实现各种逻辑运算和控制功能，为人们的生活带来了便利和舒适。
> 例如，很多学校、楼宇单元都应用了电子门禁系统。当用户输入正确的密码或刷卡时，门禁系统会判断是否允许进入，如果允许，则会打开门禁，否则会保持关闭状态。这种电子门禁系统就是组合逻辑电路的应用。

单元一 组合逻辑电路的基础知识

在数字电路中，根据逻辑功能的不同，可以将数字电路分成两大类：一类叫作组合逻辑电路；另一类叫作时序逻辑电路。本部分主要讲解组合逻辑电路的分析方法和设计。

学习目标

（1）掌握组合逻辑电路的分析方法。
（2）掌握组合逻辑电路的设计。

一、组合逻辑电路的基础知识

把逻辑门电路按一定的规律加以组合，就可以构成具有各种功能的逻辑电路，称之为组合逻辑电路。

课题九　组合逻辑电路

1. 组合逻辑电路的特点

在组合逻辑电路中，任意时刻的输出只取决于该时刻的输入，与电路原来的状态无关，电路无记忆功能。生活中常见的组合逻辑电路实例有电子密码锁、银行取款机等。

2. 组合逻辑电路的分析

根据已知的组合逻辑电路（逻辑图），运用逻辑电路运算规律，确定其逻辑功能的过程，称为组合逻辑电路的分析。

其分析步骤如下。

（1）由逻辑图写出逻辑表达式：根据给定的逻辑电路图，从输入到输出逐级推出输出表达式。

（2）化简逻辑表达式。

（3）根据化简后的逻辑表达式列出真值表。

【例 1】试分析图 9-1 所示电路的逻辑功能。

解：（1）由逻辑图写出 Y 的逻辑表达式为

$$Y_1 = \overline{AB}$$

$$Y_2 = \overline{AC}$$

$$Y_3 = \overline{BC}$$

$$Y = \overline{Y_1 \cdot Y_2 \cdot Y_3}$$

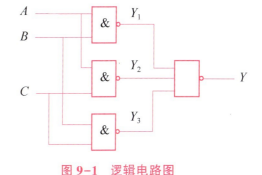

图 9-1　逻辑电路图

（2）化简后为 $Y=AB+AC+BC$。

（3）列出真值表，如表 9-1 所示。

（4）确定电路的逻辑功能。

表 9-1　$Y=AB+AC+BC$ 真值表

A	B	C	Y
0	0	0	0
0	0	1	0
0	1	0	0
0	1	1	1
1	0	0	0
1	0	1	1
1	1	0	1
1	1	1	1

由表 9-1 可知，3 个输入变量 A、B、C，只要有两个或两个以上变量取值为 1，输出才为

1,其余情况输出均为 0。由此可见,该电路实现的是少数服从多数的表决器逻辑功能。

【例 2】 分析图 9-2 所示组合逻辑电路的逻辑功能。

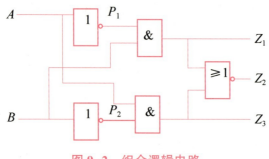

图 9-2 组合逻辑电路

解:(1)由于由图 9-2 得出的 $Z_1 = \overline{A}B$,$Z_2 = A \odot B$,$Z_3 = A\overline{B}$ 已是最简式,所以不用再化简。

(2)列出对应真值表,如表 9-2 所示。

表 9-2 图 9-2 对应的真值表

A	B	Z_1	Z_2	Z_3
0	0	0	1	0
0	1	1	0	0
1	0	0	0	1
1	1	0	1	0

(3)确定电路的逻辑功能。

通过对真值表的分析可以发现,当输入 $A<B$、$A=B$、$A>B$ 时,3 个输出 Z_1、Z_2、Z_3 分别输出高电平 1。所以,Z_1 表示 $A<B$;Z_2 表示 $A=B$;Z_3 表示 $A>B$。这是一个一位数值比较电路。

【例 3】 分析图 9-3 所描述波形对应的组合逻辑电路的功能。

解:波形图是描述电路的方法之一。根据已知输入输出波形图,可以直接写出电路真值表,如表 9-3 所示。

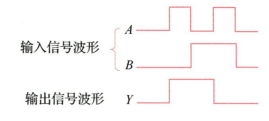

图 9-3 输入信号和输出信号波形

表 9-3 图 9-3 对应的真值表

输入变量		输出变量
A	B	Y
0	0	0

续表

输入变量		输出变量
0	1	1
1	0	1
1	1	0

分析真值表可知，该组合逻辑电路的功能是：当输入 A、B 相同时，输出为 0；而当输入 A、B 不同时，输出为 1。该电路反映了输入输出之间"异或"的逻辑关系。

注意：（1）在对组合逻辑电路进行分析时，各步骤间不一定每个步骤都需要。例如，当表达式已经成为最简时，可省略化简；当已知逻辑函数的工作波形图时，不需要列出表达式，而直接列出真值表。

（2）不是每个电路均可用简练的文字来描述其功能。

二、组合逻辑电路的设计

与分析过程相反，组合逻辑电路的设计是根据给定的实际逻辑问题，求出实现其逻辑功能的最简单的逻辑电路。

组合逻辑电路的设计步骤如下。

（1）分析设计要求，确定输入输出变量并赋值：根据实际问题确定哪些是输入变量，哪些是输出变量；并确定什么情况下为 1，什么情况下为 0；将实际问题转化为逻辑问题。

（2）列真值表：根据逻辑功能的描述列真值表。

（3）写逻辑表达式并化简：由真值表写出逻辑表达式并化简。

（4）画逻辑电路图：根据最简逻辑表达式，画出相应的逻辑图。

【例 4】一火灾报警系统，设有烟感、温感和紫外线光感 3 种类型的火灾探测器，为了防止误报警，只有当其中两种或两种以上类型的探测器发出火灾检测信号时，报警系统才产生报警控制信号。设计一个产生报警控制信号的电路。

解：（1）分析设计要求，设输入输出变量并逻辑赋值。

输入变量：烟感 A、温感 B、紫外线光感 C。

输出变量：报警控制信号 Y。

逻辑赋值：用 1 表示肯定，用 0 表示否定。

（2）列真值表，如表 9-4 所示。

表 9-4　例 4 的真值表

A	B	C	Y
0	0	0	0
0	0	1	0
0	1	0	0
0	1	1	1
1	0	0	0
1	0	1	1
1	1	0	1
1	1	1	1

（3）由真值表写出逻辑表达式并化简，即

$$Y = \bar{A}BC + A\bar{B}C + AB\bar{C} + ABC$$

化简得最简式为

$$Y = AB + AC + BC$$

（4）画逻辑电路图，如图 9-4 所示。

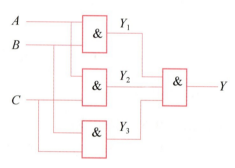

图 9-4　火灾报警控制逻辑电路图

根据所学知识，分组设计一个三人表决器。

（1）设计要求：这个表决器的功能是当 A、B、C 三人表决某个提案时，两人或两人以上同意，提案通过，否则提案不通过。

（2）列真值表：根据逻辑功能的描述列真值表。

（3）写逻辑表达式并化简：由真值表写出逻辑表达式并化简。

（4）画逻辑电路图：根据最简逻辑表达式，画出相应的逻辑图。

知识回顾

（1）组合逻辑电路在结构上，没有从输出到输入的_____；在功能上，任意时刻的输出状态仅取决于该时刻的_____，与电路原来的状态_____。

（2）求图 9-5 所示电路的输出表达式。

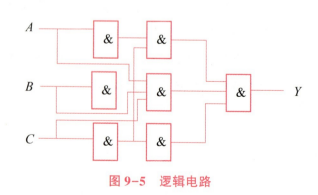

图 9-5　逻辑电路

单元二　认识编码器

你有没有注意到，现在的许多科技都离不开逻辑运算的帮助。比如，智能手机上的语音识别、电脑游戏中的图像处理、自动驾驶汽车中的路线规划等，都需要逻辑运算的支持。而电路中的编码器就是其中一种非常重要的算法。编码器可以将输入的信息转换成另一种形式，以方便存储、传输或者处理。我们平时用的电子邮件、短信、图片、视频等信息都是经过编码器处理后传输的。下面就来认识编码器。

学习目标

（1）了解编码器的定义及常用分类。
（2）理解并掌握二进制编码器、二-十进制编码器、二-十进制编码器的编码方法及真值表。
（3）掌握基本编码器和优先编码器的工作原理，能够分析基本编码器和优先编码器。
（4）培养学生专业学习的热情。

将十进制数、文字、符号等转换成若干位二进制信息符号的过程称为编码，如商品条形码、键盘编码器。在数字电路中用二进制代码表示有关的信号过程就称为二进制编码，如图9-6所示。实现编码功能的组合逻辑电路称为编码器。

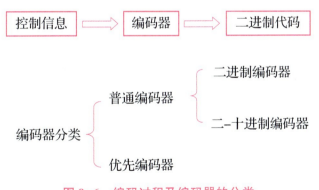

图9-6　编码过程及编码器的分类

一、二进制编码器

将各种有特定意义的输入信息编成二进制代码的电路称为二进制编码器。编码时，用 n 位二进制代码可对 $N \leq 2^n$ 个输入信号进行编码，如图9-7所示。

例如，一个由8个输入按键组成的键盘编码器，输入端需要8条信号传输线对应8个输入按键；输出端只需要 3 条数据线，对应输出的 3 位二进制代码，即每个按键输入状态对应一组 3 位二进制代码。

特点：任何时刻只允许输入一个有效信号，不允许同时出现两个或两个以上的有效信号。例如，在上面所述的 8 个输入按键组成的键盘编码器中，每次只能按下一个按键，不能同时按下两个以上的按键。

图 9-7　二进制编码

3 位二进制编码器如图 9-8 所示，如 3 线-8 线二进制编码器。

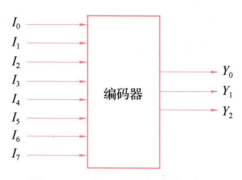

图 9-8　3 位二进制编码器示意图

I_0、I_1、$\cdots$、I_7 表示 8 路输入，分别代表十进制数 0、1、2、$\cdots$、7 这 8 个数字。编码器的输出是 3 位二进制代码，用 Y_0、Y_1、Y_2 表示。编码器在任何时刻只能对 0、1、2、$\cdots$、7 中的一个输入信号进行编号，不允许同时输入两个 1。由此得出编码器的真值表如表 9-5 所示。

表 9-5　3 位二进制编码器真值表

十进制数	输入								输出		
	I_7	I_6	I_5	I_4	I_3	I_2	I_1	I_0	Y_2	Y_1	Y_0
0	0	0	0	0	0	0	0	1	0	0	0
1	0	0	0	0	0	0	1	0	0	0	1
2	0	0	0	0	0	1	0	0	0	1	0
3	0	0	0	0	1	0	0	0	0	1	1
4	0	0	0	1	0	0	0	0	1	0	0
5	0	0	1	0	0	0	0	0	1	0	1
6	0	1	0	0	0	0	0	0	1	1	0
7	1	0	0	0	0	0	0	0	1	1	1

从真值表可以写出逻辑表达式，即

$$Y_2 = I_4 + I_5 + I_6 + I_7$$

$$Y_1 = I_2 + I_3 + I_6 + I_7$$

$$Y_0 = I_1 + I_3 + I_5 + I_7$$

根据逻辑表达式可画出由3个或门组成的3位二进制编码器的逻辑图，如图9-9所示。

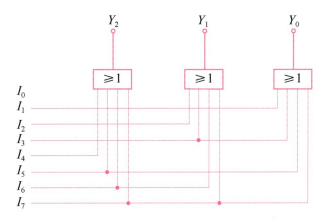

图9-9　3位二进制编码器的逻辑图

二、十进制编码器

将0~9这10个十进制数转换为二进制代码的电路，称为二-十进制编码器，也称为10线-4线编码器。最常见的二-十进制编码器是8421BCD码编码器，I_0、I_1、I_2、…、I_9 表示10路输入，Y_0、Y_1、Y_2、Y_3 为4条输出线。8421BCD码编码器的真值表如表9-6所示。

表9-6　8421BCD码编码器真值表

十进制数	输入										输出			
	I_9	I_8	I_7	I_6	I_5	I_4	I_3	I_2	I_1	I_0	Y_3	Y_2	Y_1	Y_0
0	0	0	0	0	0	0	0	0	0	1	0	0	0	0
1	0	0	0	0	0	0	0	0	1	0	0	0	0	1
2	0	0	0	0	0	0	0	1	0	0	0	0	1	0
3	0	0	0	0	0	0	1	0	0	0	0	0	1	1
4	0	0	0	0	0	1	0	0	0	0	0	1	0	0
5	0	0	0	0	1	0	0	0	0	0	0	1	0	1
6	0	0	0	1	0	0	0	0	0	0	0	1	1	0
7	0	0	1	0	0	0	0	0	0	0	0	1	1	1
8	0	1	0	0	0	0	0	0	0	0	1	0	0	0
9	1	0	0	0	0	0	0	0	0	0	1	0	0	1

根据真值表写出逻辑表达式，即

$$Y_3 = I_8 + I_9 = \overline{\overline{I_8}\,\overline{I_9}}$$

$$Y_2 = I_4 + I_5 + I_6 + I_7 = \overline{\overline{I_4}\,\overline{I_5}\,\overline{I_6}\,\overline{I_7}}$$

$$Y_1 = I_2 + I_3 + I_6 + I_7 = \overline{\overline{I_2}\,\overline{I_3}\,\overline{I_6}\,\overline{I_7}}$$

$$Y_0 = I_1 + I_3 + I_5 + I_7 + I_9 = \overline{\overline{I_1}\,\overline{I_3}\,\overline{I_5}\,\overline{I_7}\,\overline{I_9}}$$

根据逻辑表达式画出8421BCD码编码器逻辑电路图，如图9-10所示。

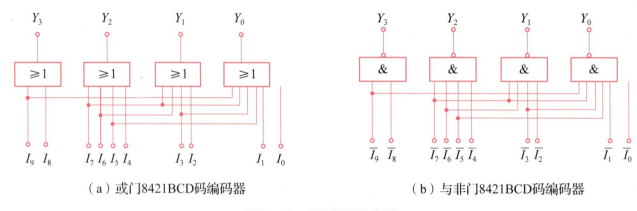

（a）或门8421BCD码编码器　　　　　（b）与非门8421BCD码编码器

图9-10　编码器逻辑电路

三、优先编码器

前面讨论的编码器中，在同一时刻仅允许有一个输入信号，如有两个或两个以上信号同时输入，输出就会出现错误的编码。优先编码器允许同时输入两个或两个以上输入信号，电路将对优先级别高的输入信号编码，这样的电路称为优先编码器。计算机的键盘输入逻辑电路就是优先编码器的典型应用。图9-11所示为8线-3线74LS148优先编码器的引脚排列图及逻辑功能图。

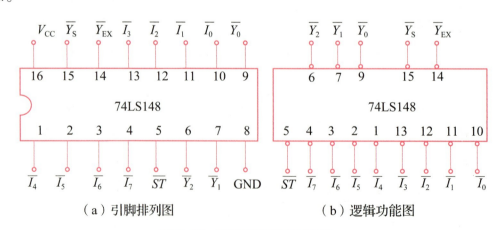

（a）引脚排列图　　　　　（b）逻辑功能图

图9-11　优先编码器74LS148

 **实践环节**

根据表 9-7 所列的二进制编码器的真值表写出逻辑函数表达式。

表 9-7 真值表

十进制数	输入								输出		
	I_7	I_6	I_5	I_4	I_3	I_2	I_1	I_0	Y_2	Y_1	Y_0
0	0	0	0	0	0	0	0	1	0	0	0
1	0	0	0	0	0	0	1	0	0	0	1
2	0	0	0	0	0	1	0	0	0	1	0
3	0	0	0	0	1	0	0	0	0	1	1
4	0	0	0	1	0	0	0	0	1	0	0
5	0	0	1	0	0	0	0	0	1	0	1
6	0	1	0	0	0	0	0	0	1	1	0
7	1	0	0	0	0	0	0	0	1	1	1

知识回顾

（1）编码器的功能是把输入的信号转化为_____数码。

（2）二进制编码器有 8 个输入端，应该有_____个输出端。

（3）二-十进制编码器有_____个输出端。

（4）在编码过程中，3 位二进制数有_____种状态，可以表示_____种输入。

（5）（2010 高考）要完成将二进制代码转换为十进制数，应选用_____器。

单元三　认识译码器

在日常生活和科技领域中，常常会遇到需要将信息从一种编码形式转换为另一种编码形式的情况。例如，在计算机系统中，二进制编码需要转换为更易于人类理解的十进制或字符编码。为了实现这样的转换，需要使用译码器。下面就一起来了解译码器的相关知识。

学习目标

（1）掌握二进制译码器、二-十进制译码器的方法及真值表。

（2）掌握显示译码器、集成显示译码器的有关内容。

一、译码

译码是编码的逆过程。在数字电路中，将具有特定含义的二进制代码变换成一定的输出信号，以表示二进制代码的原意，这一过程称为译码。实现译码功能的组合电路称为译码器。译码过程及译码器分类如图 9-12 所示。

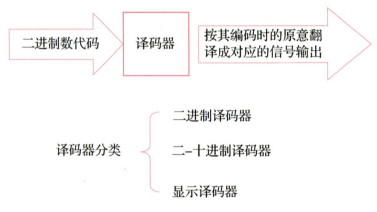

图 9-12 译码过程及译码器分类

1. 二进制译码器的功能

（1）二进制译码器的功能：是将 n 位二进制代码译成 2^n 个十进制数，如图 9-13 所示。n 位二进制代码是输入量，代表 2^n 个十进制输出量。

（2）特点：每输入一组代码，多个输出端中仅一个输出端有输出，可高电平 1 有效或低电平 0 有效。

（3）3 位二进制译码器（3 线-8 线译码器）框图如图 9-14 所示

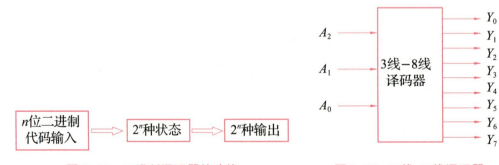

图 9-13 二进制译码器的功能　　图 9-14 3 线-8 线译码器

2.3 线-8 线译码器 CT74LS138 及其应用

(1) CT74LS138 的逻辑图如图 9-15 所示。它有 3 个输入端、8 个输出端。A_2、A_1、A_0 为二进制代码输入端；$\overline{Y}_7 \sim \overline{Y}_0$ 为输出端，输出低电平有效；ST_A、$\overline{ST}_B$ 和 $\overline{ST}_C$ 为使能端。

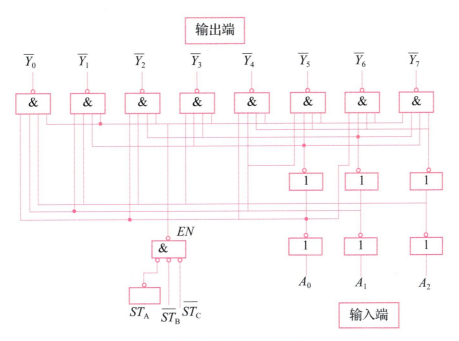

图 9-15　74LS138 逻辑图

(2) CT74LS138 集成电路处于工作状态时各输出端的逻辑表达式为

$$\overline{Y}_0 = \overline{\overline{A}_2 \overline{A}_1 \overline{A}_0} \quad \overline{Y}_1 = \overline{\overline{A}_2 \overline{A}_1 A_0} \quad \overline{Y}_2 = \overline{\overline{A}_2 A_1 \overline{A}_0} \quad \overline{Y}_3 = \overline{\overline{A}_2 A_1 A_0}$$

$$\overline{Y}_4 = \overline{A_2 \overline{A}_1 \overline{A}_0} \quad \overline{Y}_5 = \overline{A_2 \overline{A}_1 A_0} \quad \overline{Y}_6 = \overline{A_2 A_1 \overline{A}_0} \quad \overline{Y}_7 = \overline{A_2 A_1 A_0}$$

(3) CT74LS138 集成电路真值表如表 9-8 所示。

表 9-8　74LS138 真值表

输入					输出							
ST_A	$\overline{ST}_B + \overline{ST}_C$	A_2	A_1	A_0	$\overline{Y}_0$	$\overline{Y}_1$	$\overline{Y}_2$	$\overline{Y}_3$	$\overline{Y}_4$	$\overline{Y}_5$	$\overline{Y}_6$	$\overline{Y}_7$
×	1	×	×	×	1	1	1	1	1	1	1	1
0	×	×	×	×	1	1	1	1	1	1	1	1
1	0	0	0	0	0	1	1	1	1	1	1	1
1	0	0	0	1	1	0	1	1	1	1	1	1
1	0	0	1	0	1	1	0	1	1	1	1	1
1	0	0	1	1	1	1	1	0	1	1	1	1
1	0	1	0	0	1	1	1	1	0	1	1	1

续表

输入					输出							
ST_A	$\overline{ST_B}+\overline{ST_C}$	A_2	A_1	A_0	$\overline{Y_0}$	$\overline{Y_1}$	$\overline{Y_2}$	$\overline{Y_3}$	$\overline{Y_4}$	$\overline{Y_5}$	$\overline{Y_6}$	$\overline{Y_7}$
1	0	1	0	1	1	1	1	1	1	0	1	1
1	0	1	1	0	1	1	1	1	1	1	0	1
1	0	1	1	1	1	1	1	1	1	1	1	0

二、常用数码显示器

在数字系统中工作的是二进制的数字信号，而人们习惯十进制的数字或运算结果，因此需要用数字显示电路显示出便于人们观测、查看的十进制数字。

1. 数字显示电路的组成

用来驱动各种显示器件，将用二进制代码表示的数字、文字、符号翻译成人们习惯的形式，从而直观地显示出来的电路，称为显示译码器。显示译码器主要由译码器和驱动器两部分组成，通常这两者都集成在一块芯片中。显示译码器的输入一般为二-十进制代码，其输出的信号用以去驱动显示器，显示出十进制数字来。

因此，数字显示电路通常由显示译码器和显示器组成，如图9-16所示。

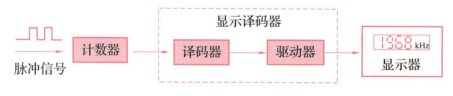

图9-16 显示译码器和显示器

2. 数码显示器件

数码显示器件种类繁多，其作用是用以显示数字和符号。用于十进制数的显示，目前使用较多的是分段式数码显示器。

图9-17所示为由七段发光线段 a、b、c、d、e、f、g 按一定的形式排列成"日"字形。通过字段发光的不同组合，可显示 0~9 这 10 个数字和 a~f 等英文字母。

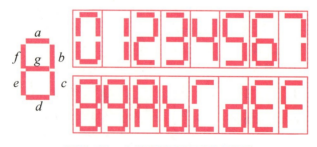

图9-17 七段数码显示器示意图

数字显示译码器将 BCD 代码译成数码管显示字所需要的相应高、低电平信号，就可使数码管显示出 BCD 代码所表示的对应十进制数，这是一种代码译码器。显示器的连接示意图如图 9-18 所示。

七段显示器主要有荧光数码管、半导体数码管和液晶数码显示器。半导体数码管在数字电路中是比较方便使用的，它是将发光二极管 LED 排列成"日"字形状制成的。

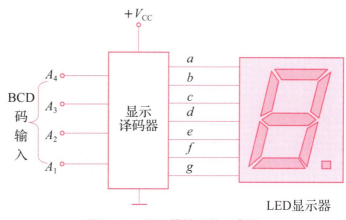

图 9-18 显示器的连接示意图

3. 半导体数码管

半导体（发光二极管）数码管有共阳极和共阴极两种接法。如图 9-19 所示，图中的 R 为限流电阻。在图 9-19（a）接法中，译码器输出低电平来驱动发光二极管发光，而在图 9-19（b）接法中，译码器需要输出高电平来驱动各发光二极管发光。

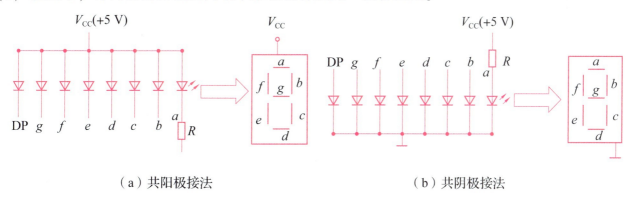

（a）共阳极接法　　　　　　　（b）共阴极接法

图 9-19 半导体数码管的共阳极和共阴极两种接法

荧光数码管显示器具有工作电压较低、驱动电流小、寿命较长、显示清晰、视角大等优点，是目前仍被采用的一种数码管。因为人眼对绿光特别敏感，所以荧光数码管发出的绿光也便于观察。常见的荧光数码管的字形笔段分六段、七段、八段和九段多种。段数越多，字形的笔画也越多，易于读数，但译码电路相应地复杂些。荧光数码管的段数必须与译码器相配套。

4. 译码驱动器 74LS248

译码驱动器 74LS248 为有内部上拉电阻的 BCD-七段译码器/驱动器，共有 54/74248 和 54/74LS248 两种线路结构形式，如图 9-20 所示。

输出端（a~g）为低电平有效，可直接驱动指示灯或共阴极 LED。当要求输入 0~15 时，消隐输入（$\overline{BI}$）应为高电平或开路，对于输出 0 时还要求脉冲消隐输入（$\overline{RBI}$）为高电平或开路。当 $\overline{BI}$ 为低电平时，不管其他输入端状态如何，a~g 均为低电平。当 $\overline{RBI}$ 和地址端（A~

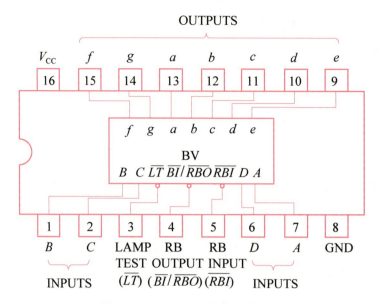

图 9-20 74LS248 引脚逻辑图

D）均为低电平，并且灯测试输入（$\overline{LT}$）为高电平时，$a \sim g$ 均为低电平，脉冲消隐输出（$\overline{RBO}$）为低电平。当 $\overline{BI}$ 为高电平开路时，$\overline{LT}$ 的低电平可使 $a \sim g$ 为高电平。

测试 74LS42 芯片的逻辑功能

步骤 1：按图 9-21 所示电路完成电路接线。电路中 74LS42 芯片的各输入端通过 1 kΩ 电阻接开关公共端，开关两触点一个接 +5 V 电源，一个接地；以实现 0、1 输入；每一输出端接一个 LED 的正极，LED 负极通过 100 Ω 电阻接地；V_{CC} 端接 +5 V 电源正极，GND 接 +5 V 电源负极。

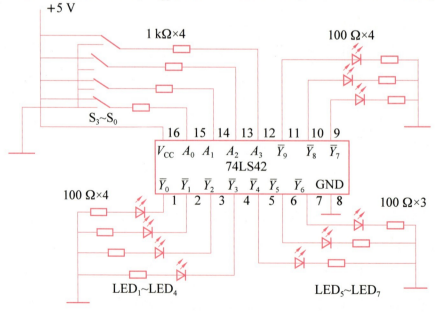

图 9-21 测试电路

步骤 2：操作开关 S_0~S_3，按表 9-9 所给 A_3~A_0 的数据置值，同时填写相应 $\overline{Y}_0$~$\overline{Y}_9$ 的值（灯亮为 1，不亮为 0）。

表 9-9 真值表

输入				输出									
A_3	A_2	A_1	A_0	$\overline{Y}_0$	$\overline{Y}_1$	$\overline{Y}_2$	$\overline{Y}_3$	$\overline{Y}_4$	$\overline{Y}_5$	$\overline{Y}_6$	$\overline{Y}_7$	$\overline{Y}_8$	$\overline{Y}_9$
0	0	0	0										
0	0	0	1										
0	0	1	0										
0	0	1	1										
0	1	0	0										
0	1	0	1										
0	1	1	0										
0	1	1	1										
1	0	0	0										
1	0	0	1										

知识回顾

一、选择题

（1）（2010 高考）完成将二进制代码转换为十进制数，应选择的是（　　）。

A. 编码器　　　　　B. 译码器　　　　　C. 计数器　　　　　D. 触发器

（2）（2015 高考）七段数码显示管显示数字"4"，则（　　）。

A. *afcd* 亮　　　　B. *afge* 亮　　　　C. *cefg* 亮　　　　D. *bcfg* 亮

二、填空题

（1）将二进制代码的各种状态按其_____"翻译"成对应的输出信号的电路，叫作_____。

（2）将二-十进制代码翻译成 0~9 这 10 个十进制数信号的电路，叫作_____。

三、判断题

（1）译码是编码的逆过程。（　　）

（2）译码器是一种多个输入端和多个输出端的电路，而对应输入信号的任一状态，一般仅有一个输出状态有效，其他输出状态均无效。（　　）

（3）译码器实质上是由门电路组成的"条件开关"。（　　）

课题十

触发器

> 在当今的高度数字化世界中,众多先进的数字系统不仅要求对数字信号进行精确的处理与计算,还需要将这些信号和运算结果有效地存储以便后续使用。为了满足这一需求,电路中必须包含一种具有高度可靠性和稳定性的记忆功能基本逻辑单元。触发器作为实现这一功能的电路,在数字系统中扮演着关键角色。

单元一　认识 RS 触发器

在本单元中,我们将深入剖析 RS 触发器的工作原理、特点以及在实际工作中的用途。通过本课题的学习,学生将全面掌握触发器的核心知识体系,并为进一步研究复杂的数字电路和系统设计奠定坚实的理论基础。

学习目标

(1) 掌握 RS 触发器的电路结构及逻辑符号和逻辑功能。
(2) 掌握同步 RS 触发器的电路结构及逻辑符号和逻辑功能。

RS 触发器

在各种复杂的数字系统中,不仅要对数字信号进行运算,而且常常还要将这些信号和运算结果保存起来。这样,电路中就需要具有记忆功能的基本逻辑单元。触发器就是具有记忆功能、数字信息存储功能的基本单元电路。

课题十 触发器

1. 触发器的两种状态

触发器有两个稳定状态,一个是 0 状态,另一个是 1 状态。当没有外界信号作用时,触发器能保持原来的状态不变,所以它具有存储一位二值信号的功能。

触发器有两个输出端,它们的状态总是互补的,通常规定触发器 Q 端的状态为触发器的状态,即 $Q=0$ 与 $\overline{Q}=1$ 时,称触发器为 "0" 态;$Q=1$ 与 $\overline{Q}=0$ 时,称触发器为 "1" 态。

2. 触发器的翻转

在一定的外界信号作用下,触发器可以从一个稳态翻转为另一个稳态,而且当外界信号消失后,能将新建立的状态保持下来,即为记忆功能。所谓翻转,是指触发器从 0 状态变化为 1 状态,或从 1 状态变化为 0 状态。

3. 触发器的种类

触发器的种类很多,按触发方式的不同,可以分为同步触发器、主从触发器及边沿触发器等;根据逻辑功能的差异,可分为 RS 触发器、D 触发器、JK 触发器等几种。

4. 基本 RS 触发器的电路组成

基本 RS 触发器是各种触发器中结构形式最简单的一种,同时也是许多电路结构复杂触发器的一个组成部分。基本 RS 触发器电路的逻辑图及逻辑符号如图 10-1 所示。

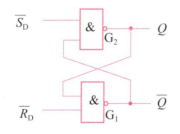

图 10-1 基本 RS 触发器电路的逻辑图及逻辑符号

基本 RS 触发器是由两个与非门(或非门)G_1 和 G_2 的输入端与输出端交叉耦合而组成的。如图 10-1 所示,$\overline{R}_D$、$\overline{S}_D$ 是它的两个输入端,Q、$\overline{Q}$ 是两个输出端。

5. 基本 RS 触发器的逻辑功能和电路特点

1)逻辑功能

(1)$\overline{R}_D = 1$,$\overline{S}_D = 1$,触发器保持原状态不变。

(2)$\overline{R}_D = 1$,$\overline{S}_D = 0$,触发器被置为 "1" 态。

(3)$\overline{R}_D = 0$,$\overline{S}_D = 1$,触发器被置为 "0" 态。

(4)$\overline{R}_D = 0$,$\overline{S}_D = 0$,触发器状态不确定。

2)电路特点

(1)触发器未输入低电平信号时,总是保持原来状态不变,这就是触发器的记忆功能。

(2) Q 和 $\overline{Q}$ 的状态不能确定，这种情况应当避免，否则会出现逻辑混乱或错误。

综上所述，基本 RS 触发器的逻辑功能如表 10-1 所示，表中 Q^n 表示触发器原来所处状态，称为初态；Q^{n+1} 表示输入信号或时钟脉冲作用后的状态，称为次态。

表 10-1 基本 RS 触发器的真值表

输入信号		输出信号		功能说明
$\overline{R}_D$	$\overline{S}_D$	Q^n	Q^{n+1}	
0	0	0 1	×	不定
0	1	0 1	0	置"0"
1	0	0 1	0	置"1"
1	1	0 1	0 1	保持

从基本 RS 触发器的电路结构图可看出，输入信号直接加在输出门上，所以输入信号在全部时间里都能直接改变输出端 Q 和 $\overline{Q}$ 的状态，这就是基本 RS 触发器的动作特点。因此，也把 $\overline{R}_D$ 端叫作直接复位端，$\overline{S}_D$ 端叫作直接置位端。

基本 RS 触发器电路结构简单，是构成其他功能触发器必不可少的组成部分，可用作数码寄存器、抖动开关单脉冲发生器和脉冲变换电路等。

6. 同步 RS 触发器的电路组成

在数字系统中，为了保证各部分电路工作协调一致，常常要求一些触发器于同一时刻动作。因此，通常由时钟脉冲 CP 来控制触发器按一定的节拍同步动作，即在时钟脉冲到来时输入触发信号才起作用。由时钟脉冲控制的 RS 触发器称为同步 RS 触发器，也称为钟控 RS 触发器。

同步 RS 触发器是在基本 RS 触发器的基础上增加两个与非门构成的，如图 10-2 所示。

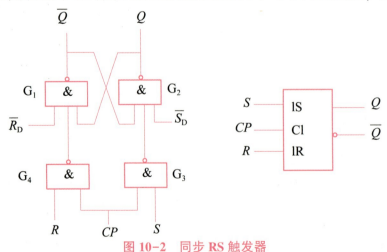

图 10-2 同步 RS 触发器

7. 逻辑功能

（1）无时钟脉冲作用时（即 $CP=0$），与非门 G_3、G_4 均被封锁，无论 R、S 是什么信号，输出端 Q 和 $\bar{Q}$ 均保持原状态不变。

（2）有时钟脉冲作用时（即 $CP=1$），与非门 G_3、G_4 门打开，R、S 输入信号才能分别通过 G_3、G_4 门加在基本 RS 触发器的输入端，从而使触发器翻转。

综上所述，同步 RS 触发器的逻辑功能如表 10-2 所示。

表 10-2　同步 RS 触发器真值表

时钟脉冲	输入信号		输出状态		功能说明
	R	S	Q^n	Q^{n+1}	
0	×	×	0 1	0 1	保持
1	0	0	0 1	0 1	保持
1	0	1	0 1	1 1	置"1"
1	1	0	0 1	0 0	置"0"
1	1	1	0 1	×	不定

测试与非门组成基本 RS 触发器的逻辑功能

步骤 1：用 CC4011（或 CD4011）芯片组成基本 RS 触发器，如图 10-3 所示。

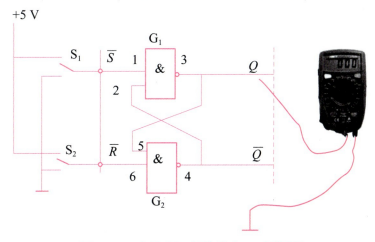

图 10-3　与非门组成的基本 RS 触发器

步骤2：按表10-3所列的操作要求输入信号。

步骤3：用万用表直流电压挡测量输出端电压，即3、4引脚对地电压，输出高电平为"1"状态，输出低电平为"0"状态，填入表10-3中。

表 10-3 基本 RS 触发器逻辑功能

操作	输入		输出		功能
	$\overline{S}$	$\overline{R}$	Q	$\overline{Q}$	
先将逻辑电平开关 S_1、S_2 扳向上，再接通电源	1	1			
扳下 S_1，S_2 在上	0	1			
再把 S_1 扳向上	1	1			
把 S_2 扳向下，S_1 不动	1	0			
再把 S_2 扳向上，S_1 不动	1	1			
把 S_1、S_2 都扳向下	0	0			

知识回顾

一、判断题

（1）仅具有保持和翻转功能的触发器是 RS 触发器。　　　　　　　　　　　　（　　）

（2）基本 RS 触发器具有"空翻"现象。　　　　　　　　　　　　　　　　　（　　）

（3）为了使时钟控制的 RS 触发器的次态为"1"，RS 的取值应为 $RS=01$。　（　　）

（4）同步 RS 触发器只有在 CP 信号到来后，才依据 RS 信号的变化来改变输出的状态。

（　　）

（5）触发器与门电路一样，输出状态仅取决于触发器的即时输入情况。　　　　（　　）

二、选择题

（1）或非门构成的基本 RS 触发器的输入 $S=1$、$R=0$，当输入 S 变为 0 时，触发器的输出将会（　　）。

　　A. 置位　　　　　　B. 复位　　　　　　C. 不变

（2）（2007 年高考）同步 RS 触发器 $CP=0$ 期间，当 $R=S=1$ 时，触发器的状态（　　）。

　　A. 置"0"　　　　　B. 置"1"　　　　　C. 保持　　　　　　D. 翻转

单元二　认识 JK 触发器

在当今复杂的数字系统中，对信息的实时处理与高效存储成为日益迫切的需求。为了应对这一挑战，电路设计师们需要寻求一种具备高度灵活性和可靠性的记忆单元。JK 触发器，这一经典的双稳态存储电路，以其丰富的功能和广泛的应用场景，为数字系统提供了强大的支持。

在本单元中，将系统地探讨 JK 触发器的运作机制、独特优势以及在实际应用中的重要性。

学习目标

(1) 掌握 JK 触发器的电路结构及逻辑符号和逻辑功能。
(2) 掌握同步 JK 触发器的电路结构、逻辑符号和逻辑功能。
(3) 掌握集成边沿 JK 触发器的电路结构、逻辑符号和逻辑功能。

JK 触发器

前面介绍的 RS 触发器存在不确定状态，为了避免不确定状态，在 RS 触发器的基础上发展了其他几种触发器，其中一种是 JK 触发器。JK 触发器是一种逻辑功能完善、通用性强的集成触发器，在结构上可分为主从型 JK 触发器和边沿型 JK 触发器。

主从结构触发器是由两级触发器构成。其中一级直接接收输入信号，称为主触发器，另一级接收主触发器的输出信号，称为从触发器。两级触发器的时钟信号互补，主触发器接收输入与从触发器改变输出状态分开进行，从而有效地克服了空翻。

为了提高触发器的可靠性，增强抗干扰能力，希望触发器的次态仅取决于时钟脉冲的下降沿或上升沿时刻输入信号的状态。为实现这一设想，研制出各种边沿触发器电路。

1. 主从 JK 触发器的电路组成

图 10-4 所示为主从 JK 触发器。

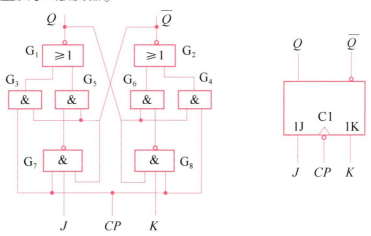

图 10-4　主从 JK 触发器结构和逻辑符号

159

在主从 RS 触发器的基础上引入两根线，Q 引到门 G_8 的输入，$\bar{Q}$ 引到门 G_7 的输入；R 换成 J（称为置位端），S 换成 K（称为复位端）。

在 CP 的下降沿时刻，$Q^{n+1}=Q'$。

当 $CP=1$ 时，主触发器随 JK 的变化而变化，从触发器保持状态不变：

因为 $\bar{S}=\overline{J\bar{Q}^n}$　$\bar{R}=\overline{KQ^n}$

所以 $Q^{n+1}=S+\bar{R}Q^n=J\bar{Q}^n+\overline{KQ^n}\cdot Q^n=J\bar{Q}^n+\bar{K}Q^n$

$SR=J\bar{Q}^n\cdot KQ^n=0$

JK 触发器永远满足约束条件。

JK 触发器的特性方程为：$Q^{n+1}=J\bar{Q}^n+\bar{K}Q^n$

2. 主从 JK 触发器的逻辑功能和电路特点

JK 触发器的逻辑功能与 RS 触发器的逻辑功能基本相同，不同之处是 JK 触发器没有约束条件，在 $J=K=1$ 时，每输入一个时钟脉冲后，触发器的状态翻转一次。JK 触发器真值表见表 10-4。

表 10-4　JK 触发器真值表

输入信号		输出状态		功能
J	K	Q^n	Q^{n+1}	
0	0	0 1	0 1	保持
0	1	0 1	0 0	置"0"
1	0	0 1	1 1	置"1"
1	1	0 1	1 0	翻转

3. 边沿 JK 触发器的电路组成

为了提高触发器的抗干扰能力和可靠性，触发器只在时钟脉冲的下降沿（CP 由 1→0）或上升沿（CP 由 0→1）才接收信号，并按输入信号决定触发器状态，其他时刻触发器状态保持不变，这样的触发器称为边沿触发器。

图 10-5 所示为边沿 JK 触发器。在图中 J、K 为信号输入端，CP 为时钟脉冲。在逻辑符号图中 CP 一端标有"∧"和小圆圈，表示脉冲下降沿有效；如果图中 CP 一端标有"∧"而无小圆圈，表示脉冲上升沿有效。$\bar{R}_D$ 是直接复位端，$\bar{S}_D$ 是直接置位端，$\bar{R}_D$ 端、$\bar{S}_D$ 端全都是低电平有效。

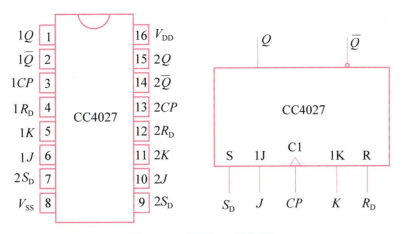

图 10-5 边沿 JK 触发器

4. 边沿 JK 触发器的逻辑功能和电路特点

下降沿触发的 JK 触发器的逻辑功能与主从 JK 触发器相同，除了对 CP 的要求不同以外，J、K、Q^n、Q^{n+1} 之间的逻辑关系则是完全相同的。

根据基本 RS 触发器的特性方程，有

$$Q^{n+1} = S + \overline{R}Q^n$$
$$= \overline{\overline{J\overline{Q^n}}} + \overline{\overline{KQ^n}}Q^n$$
$$= J\overline{Q^n} + (\overline{K} + \overline{Q^n})Q^n$$
$$= J\overline{Q^n} + \overline{K}Q^n$$

常用的集成 JK 触发器还有 CC4027、CC4095 等，如图 10-6 所示为 CC4027 的外引脚图和逻辑符号。

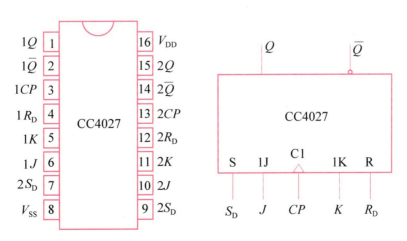

图 10-6 CC4027 的外引脚图和逻辑符号

CC4027 为上升沿触发的双 JK 触发器。S_D、R_D 分别为直接置"1"端和直接置"0"端，均为高电平有效。

测试集成双 JK 触发器 74LS112 的复位和置位功能

步骤1：任取74LS112芯片中一组JK触发器，$\overline{R}_D$、$\overline{S}_D$、J、K端接逻辑开关，CP接单次脉冲源，Q、$\overline{Q}$端接发光二极管，如图10-7所示。

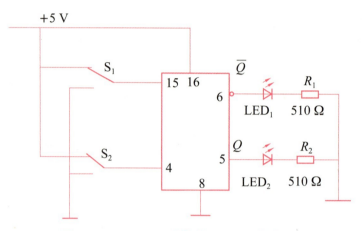

图 10-7　74LS112 芯片中一组 JK 触发器

步骤2：按表10-5所列的要求，改变$\overline{R}_D$、$\overline{S}_D$（J、K、CP处于任意状态），并在$\overline{R}_D=0$（$\overline{S}_D=1$）或$\overline{R}_D=1$（$\overline{S}_D=0$）作用期间，任意改变J、K、CP状态，观察Q、$\overline{Q}$的状态，将实验结果记录到表10-5中。

表 10-5　实验结果记录表

CP	J	K	$\overline{R}_D$	$\overline{S}_D$	Q^{n+1}
×	×	×	0	1	
×	×	×	1	0	

一、选择题

（1）（2010 高考）若将 JK 触发器置成"0"态，需要在 JK 控制输入端加的信号是（　　）。
A. $J=1$，$K=1$　　　　B. $J=0$，$K=0$　　　　C. $J=0$，$K=1$　　　　D. $J=1$，$K=0$

（2）（2013 高考）某 JK 触发器每个 CP 上升沿翻转一次，则 J、K 的状态是（　　）。
A. 0、0　　　　　　　B. 0、1　　　　　　　C. 1、0　　　　　　　D. 1、1

（3）（2014 高考）要使集成 JK 触发器的状态为"0"态，则 J、K 状态是（　　）。
A. 0、0　　　　　　　B. 0、1　　　　　　　C. 1、0　　　　　　　D. 1、1

二、判断题

(1) 当 $J=0$，$K=1$ 时，$Q^{n+1}=JQ^n+KQ^n$，置"0"。（　）

(2) 时钟脉冲为下降沿触发。（　）

(3) JK 触发器处于翻转时输入信号的条件是 $J=1$、$K=0$。（　）

(4) JK 触发器在 CP 作用下，要使 $Q^{n+1}=Q^n$，则输入信号必为 $J=K=0$。（　）

单元三　认识 D 触发器

随着数字技术的飞速发展，确保数据处理与传输的精确同步成为提高系统性能和稳定性的关键因素。在这一背景下，D 触发器作为一种简洁而又实用的双稳态存储电路，凭借其高效且易于实现的特性，成为数字系统中不可或缺的组件。

在本课题单元中，将全面了解 D 触发器的电路组成、逻辑功能、电路特点以及典型的集成 D 触发器。

学习目标

(1) 掌握 D 触发器的电路结构和逻辑功能。
(2) 掌握集成边沿 D 触发器的引脚排列和逻辑功能。

一、D 触发器

D 触发器只有一个信号输入端，时钟脉冲 CP 未到来时，输入端的信号不起任何作用；只在 CP 信号到来的瞬间，输出立即变成与输入相同的电平，即 $Q^{n+1}=D$。

1. 逻辑电路及符号

D 触发器可以由 JK 触发器演变而来，图 10-8 所示为 D 触发器的逻辑电路和逻辑符号。JK 触发器的 K 端接一个非门后再与 J 相连，作为输入端 D，即构成 D 触发器。

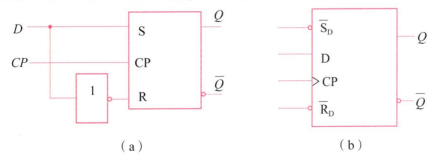

图 10-8　D 触发器的逻辑电路及逻辑符号

2. 逻辑功能分析

在图 10-8 所示的 D 触发器逻辑电路中,当输入 $D=1$ 时,$J=1$、$K=0$,时钟脉冲 CP 加入后,Q 端置"1",与输入端 D 状态一致。

输入 $D=0$ 时,$J=0$、$K=1$,时钟脉冲 CP 加入后,Q 端复位,也是与输入端 D 状态一致,即 $Q^{n+1}=D$。

二、D 触发器的电路组成

D 触发器可以由 JK 触发器演变而来,如图 10-9 所示。从图中可知,JK 触发器的 K 端串接一个非门后再与 J 端相连,作为输入端 D,即构成 D 触发器。

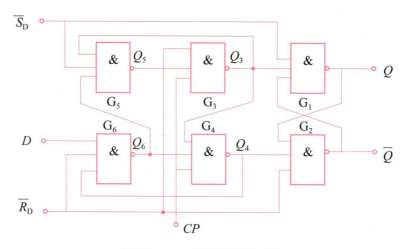

图 10-9　D 触发器电路结构

(1) $CP=0$ 时,与非门 G_3 和 G_4 封锁,其输出为 1,触发器的状态不变。同时,由于 Q_3 至 G_5 和 Q_4 至 G_6 的反馈信号将这两个门 G_5、G_6 打开,因此可接收输入信号 D,使 $Q_6=\overline{D}$,$Q_5=\overline{Q}_6=D$。

(2) 当 CP 由 0 变 1 时,门 G_3 和 G_4 打开,它们的输出 Q_3 和 Q_4 的状态由 G_5 和 G_6 的输出状态决定。$Q_3=\overline{Q}_5=\overline{D}$,$Q_4=\overline{Q}_6=D$。由基本 RS 触发器的逻辑功能可知,$Q=D$。

(3) 触发器翻转后,在 $CP=1$ 时输入信号被封锁。G_3 和 G_4 打开后,它们的输出 Q_3 和 Q_4 的状态是互补的,即必定有一个是 0,若 Q_4 为 0,则经 G_4 输出至 G_6 输入的反馈信号将 G_6 封锁,即封锁了 D 通往基本 RS 触发器的路径;该反馈线起到了使触发器维持在"0"状态和阻止触发器变为"1"状态的作用,故该反馈线称为置"0"维持线、置"1"阻塞线。G_3 为 0 时,将 G_4 和 G_5 封锁,D 端通往基本 RS 触发器的路径也被封锁;G_3 输出端至 G_5 的反馈线起到使触发器维持在"1"状态的作用,称为置"1"维持线;G_3 输出端至 G_4 输入的反馈线起到阻止触发器置"0"的作用,称为置"0"阻塞线。因此,该触发器称为维持-阻塞触发器。

由上述分析可知，维持-阻塞 D 触发器在 CP 脉冲的上升沿产生状态变化，触发器的次态取决于 CP 脉冲上升沿前 D 端的信号，而在上升沿后，输入 D 端的信号变化对触发器的输出状态没有影响。如果在 CP 脉冲的上升沿到来前 $D=0$，则在 CP 脉冲的上升沿到来后触发器置"0"；如果在 CP 脉冲的上升沿到来前 $D=1$，则在 CP 脉冲的上升沿到来后触发器置"1"。

1. D 触发器的逻辑功能和电路特点

如图 10-9 所示，D 为信号输入端，CP 为时钟脉冲控制端。$\overline{S}_D$ 为直接复位端，$\overline{S}_D$ 为直接置位端。CP 脉冲上升沿有效。

边沿触发的 D 触发器逻辑功能如表 10-6 所示。

表 10-6 D 触发器的真值表

输入信号	输出状态		功能
D	Q^n	Q^{n+1}	
0	0	0	置"0"
0	1	0	置"0"
1	0	1	置"1"
1	1	1	置"1"

同步 D 触发器的逻辑功能与边沿 D 触发器基本相同，区别仅在于对 CP 的要求不同。

例如，已知上升沿触发的 D 触发器输入 D 和时钟脉冲 CP 的波形如图 10-10 所示，画出 Q 端波形。设触发器初态为 0。

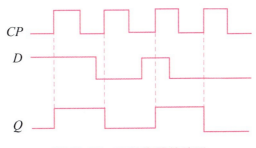

图 10-10 D 触发器的波形

解：该 D 触发器是上升沿触发，即在 CP 的上升沿过后，触发器的状态等于 CP 脉冲上升沿前 D 的状态。所以，第一个 CP 过后，$Q=1$，第二个 CP 过后，$Q=0$。D 触发器在 CP 上升沿前接收输入信号，上升沿触发翻转，即触发器的输出状态变化比输入端 D 的状态变化延迟，这就是 D 触发器的由来。

2. 集成 D 触发器

D 触发器有 TTL 型和 CMOS 型两类。TTL 型双 D 触发器 74LS74 引脚功能如图 10-11 所示。另外，常用的有四 D 触发器 74LS175、74S175 以及八 D 触发器 74LS273 等，其引脚功能可查阅数字集成电路手册。

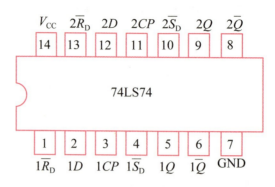

图 10-11　74LS74 引脚功能

测试集成双上升沿 D 触发器 74LS74 的逻辑功能

步骤 1：测试 $\overline{R}_D$、$\overline{S}_D$ 的复位和置位功能，测试方法同 JK 触发器。

步骤 2：测试 D 触发器的逻辑功能。

按图 10-12 所示接线，按表 10-7 的要求进行测试，并观察触发器状态更新是否发生在 CP 脉冲的上升沿（即 0→1）。记录并分析实验结果，判断是否与 D 触发器的工作原理一致。

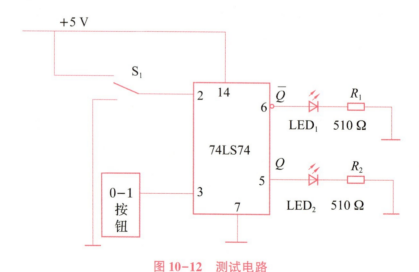

图 10-12　测试电路

表 10-7　测试情况记录表

D	CP	初状态为 0 时，输出情况记录		初状态为 1 时，输出情况记录		功能说明
		Q^n	Q^{n+1}	Q^n	Q^{n+1}	
0	0→1	0		1		
	1→0	0		1		

续表

D	CP	初状态为0时,输出情况记录		初状态为1时,输出情况记录		功能说明
		Q^n	Q^{n+1}	Q^n	Q^{n+1}	
1	0→1	0		1		
	1→0	0		1		

知识回顾

一、判断题

（1）D 触发器的输出总是跟随其输入的变化而变化。（ ）

（2）D 触发器具有两种逻辑功能。（ ）

（3）D 触发器的逻辑功能可归纳为：$CP=0$ 时，$Q^{n+1}=Q^n$（保持）；$CP=1$ 时，$Q^{n+1}=D$ 触发器的输出随 D 的变化而变化。（ ）

（4）D 触发器是现在数字集成电路设计中最基本的逻辑单元之一。（ ）

（5）在实际应用中，常使用边沿 D 触发器。（ ）

（6）集成 D 触发器的逻辑功能与 D 触发器基本一样，不同的是它只在 CP 上升沿时工作。（ ）

二、选择题

（1）仅具有"置"0、置"1"功能的触发器叫（ ）。

A. RS 触发器　　　　B. JK 触发器　　　　C. D 触发器　　　　D. T 触发器

（2）$\overline{S}_D$ 和 $\overline{R}_D$ 接至基本 RS 触发器的输入端，分别是预置和清零端，（ ）有效。

A. 高电平　　　　B. $CP=1$　　　　C. 低电平　　　　D. $Q=0$

（3）下面（ ）是同步 D 触发器的主要特点。

A. $Q=D$　　　　B. $Q^n=D$　　　　C. $CP=1$ 时跟随　　　　D. $Q^{n+1}=D^n$

（4）在 CP 作用下，D 取值不同时，具有置"0"和置"1"功能的电路，都叫作（ ）。

A. JR 触发器　　　　B. T 触发器　　　　C. D 时钟触发器　　　　D. JK 触发器

课题十一

时序逻辑电路

> 与组合逻辑电路相比,时序逻辑电路的输出不仅与输入状态有关,还与电路的初始状态有关,即时序逻辑电路有记忆功能。得益于此,时序逻辑电路广泛应用于我们生活中的方方面面,如计算机和服务器中的中央处理器(CPU)、马路上的交通信号灯、电梯的控制系统等。

单元一　认识寄存器

在数字电路中,将数据或运算结果暂时存放成二进制数据的电路称为寄存器。它由具有记忆功能的触发器和门电路构成。在时钟脉冲 CP 控制下,寄存器可将输入的二进制数码存储起来。按功能的不同,寄存器可分为数码寄存器和移位寄存器。

学习目标

(1) 掌握数码寄存器的电路组成、工作过程。
(2) 掌握单向移位寄存器的电路组成、工作过程和集成双向寄存器的逻辑功能。

一、寄存器的功能、基本构成及常见类型

(1) 寄存器的功能:寄存器是一种非常重要的时序逻辑电路部件,它主要用来接收、暂存、传递数码和指令等信息。

(2) 寄存器的基本构成:寄存器主要由触发器和一些控制门电路组成,一个触发器能存

放一位二进制数码，要想存放 N 位二进制数码，就应有 N 个触发器。

（3）寄存器的常见类型：寄存器按照功能的不同，可分为数码寄存器和移位寄存器。

二、常用寄存器

1. 数码寄存器

数码寄存器是简单的存储器，具有接收、暂存数码和清除数码的功能。图 11-1 所示是用 D 触发器组成的 4 位数码寄存器。在存数指令（CP 脉冲上升沿）的作用下，可将预先加在各 D 触发器输入端的数码存入相应的触发器中，并可从各触发器的 Q 端同时输出，所以称其为并行输入、并行输出寄存器。

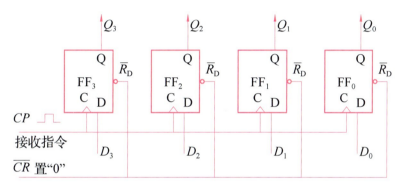

图 11-1　4 位数码寄存器

例如，要将 4 位二进制数码 $D_3D_2D_1D_0 = 1010$ 存入寄存器中，工作过程如下。

（1）清零：令 $\overline{CR}$（总清零端）$= 0$，则 $Q_3Q_2Q_1Q_0 = 0000$，清除原有数码。

（2）寄存数码：令 $\overline{CR} = 1$。在寄存器 D_3、D_2、D_1、D_0 输入端分别输入 1、0、1、0。当 CP 脉冲（接收数码的控制端）的上升沿一到，寄存器的状态 $Q_3Q_2Q_1Q_0 = 1010$，只要使 $\overline{CR} = 1$、$CP = 0$，寄存器就处在保持状态，从而完成了数码的接收和暂存功能。

2. 移位寄存器

移位寄存器除了有存放数码的功能外，还有数码移位功能。根据数码移动情况的不同，可分为单向移位寄存器（又可分为左移寄存器和右移寄存器）和双向移位寄存器。

单向移位寄存器：由 D 触发器构成的 4 位左移寄存器如图 11-2 所示。$\overline{CR}$ 为总清零端。触发器的输出接至相邻左边触发器的输入端 D，输入数据由最右边触发器 FF_0 的输入端 D 接入。

工作原理：例如，将数码 $D_3D_2D_1D_0 = 1010$ 寄存，从高位到低位依次串行送到串行输入端，在第一个 CP 脉冲上升沿到来后，$Q_3 = D_0 = 0$，$Q_3Q_2Q_1Q_0 = 0000$，在第二个 CP 脉冲上升沿到来后，$Q_3 = D_1 = 1$，$Q_3Q_2Q_1Q_0 = 1000$，……，在 4 个脉冲作用下，$Q_3Q_2Q_1Q_0 = 1010$，串行输入的 4 位数码全部置入移位寄存器中，同时，在 4 个触发器的输出端得到了并行输出的数码。实现了数码的串入-并出。其工作波形如图 11-2（b）所示。

169

将右移寄存器和左移寄存器组合起来,并引入控制端,便构成既可左移又可右移的双向移位寄存器。

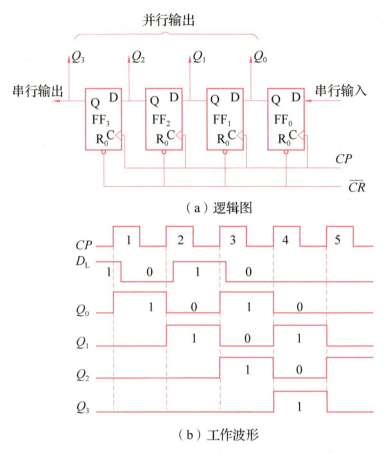

(a) 逻辑图

(b) 工作波形

图 11-2　4 位左移寄存器

三、74LS194 介绍

集成电路 CT74LS194 是一块 4 位双向移位寄存器,如图 11-3(a)所示。

(1)根据图 11-3(a)所示,1 脚为总清零端,7 脚和 2 脚分别是左移和右移串行输入端,3、4、5、6 脚是 $D_0 \sim D_3$ 4 个并行输入端,9、10 脚是工作方式控制端,11 脚是 CP 时钟脉冲信号输入端,12、13、14、15 是 $Q_3 \sim Q_0$ 4 个输出端,8 脚是接地端,16 脚是电源端。

(a) 引脚排列　　　　(b) 逻辑功能符号　　　　(c) 实物

图 11-3　双向移位寄存器 CT74LS194

（2）74LS194 的 5 种不同操作模式，即并行送数寄存、右移（方向由 $Q_0 \to Q_3$）、左移（方向由 $Q_3 \to Q_0$）、保持及清零。M_1、M_0 和 $\overline{CR}$ 端的控制作用如表 11-1 所示。

表 11-1　74LS194 引脚功能表

功能	输入										输出			
	CP	$\overline{CR}$	M_1	M_0	D_{SR}	D_{SL}	D_0	D_1	D_2	D_3	Q_0	Q_1	Q_2	Q_3
清零	×	0	×	×	×	×	×	×	×	×	0	0	0	0
送数	↑	1	1	1	×	×	a	b	c	d	a	b	c	d
右移	↑	1	0	1	D_{SR}	×	×	×	×	×	D_{SR}	Q_0	Q_1	Q_2
左移	↑	1	1	0	×	D_{SL}	×	×	×	×	Q_1	Q_2	Q_3	D_{SL}
保持	↑	1	0	0	×	×	×	×	×	×	Q_0^n	Q_1^n	Q_2^n	Q_3^n
保持	↓	1	×	×	×	×	×	×	×	×	Q_0^n	Q_1^n	Q_2^n	Q_3^n

实践环节

测试 74LS194 芯片的逻辑功能

步骤 1：按图 11-4 所示连线，其中第 16 脚接电源正端，第 8 脚接电源负极；M_1、M_0、$\overline{CR}$、$D_0 \sim D_3$、D_{SR}、D_{SL} 共 9 个端与逻辑开关相连，CP 端与单次脉冲信号源相连；将 $Q_0 \sim Q_3$ 输出与发光二极管相连。

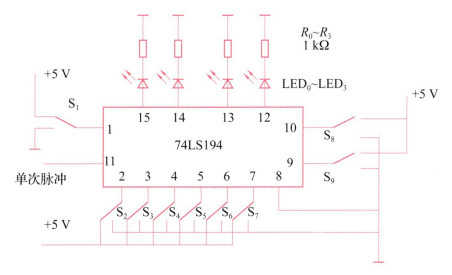

图 11-4　测试电路

步骤 2：接通电源，按表 11-2 所示序号依次逐项进行测试，并完成表格内容。

表 11-2　数据记录表

序号	输入										输出				功能
	$\overline{CR}$	M_1	M_0	CP	D_{SR}	D_{SL}	D_0	D_1	D_2	D_3	Q_0	Q_1	Q_2	Q_3	
1	0	×	×	×	×	×	×	×	×	×					
2	1	1	1	↑	×	×	1	0	1	1					
3	1	1	0	↑	×	0	×	×	×	×					
4	1	1	0	↑	×	1	×	×	×	×					
5	1	0	1	↑	0	×	×	×	×	×					
6	1	0	1	↑	1	×	×	×	×	×					
7	1	0	0	↑	×	×	×	×	×	×					

知识回顾

一、选择题

（1）（2008 高考）集成移位寄存器 74LS194 实现左移功能时，下列状态正确的是（　　）。

A. $\overline{CR}=1$，$M_0=1$，$M_1=0$　　　　　　　B. $\overline{CR}=1$，$M_0=1$，$M_1=1$

C. $\overline{CR}=1$，$M_0=0$，$M_1=1$　　　　　　　D. $\overline{CR}=1$，$M_0=0$，$M_1=0$

（2）（2010 高考）当集成移位寄存器 74LS194 右移时，需寄存的数据应接的输入端是（　　）。

A. D_{SR}　　　　　　B. D_{SL}　　　　　　C. D　　　　　　D. CP

二、填空题

（1）寄存器的功能是_____，按此可分为_____寄存器和_____寄存器。

（2）某移位寄存器的时钟脉冲频率为 100 kHz，欲将存放在该寄存器中的数左移 8 位，完成该操作的时间为_____。

（3）在各种寄存器中，存放 N 位二进制数码需要_____个触发器。

（4）4 位移位寄存器，经过_____个 CP 脉冲后可将 4 位串行输入数据全部串行输入到寄存器内，再经过_____个 CP 可以在串行输出端依次输出该 4 位数据。

（5）利用 4 位可逆移位寄存器串行输入寄存 1100，左移时首先输入数码_____，右移时首先输入数码_____。

（6）移位寄存器不但可_____，而且还能对数据进行_____。

三、判断题

（1）寄存器是组合逻辑器件。（ ）
（2）寄存器要存放 n 位二进制数码时，需要 2^n 个触发器。（ ）
（3）寄存器具有存储数码和信号的功能。（ ）
（4）移位寄存器只能串行输出。（ ）
（5）移位寄存器就是数码寄存器，它们没有区别。（ ）
（6）移位寄存器有接收、暂存、清除和数码移位等作用。（ ）

单元二　认识计数器

当涉及数字电路中的时序信号计数和统计时，计数器是一种非常重要的元件。计数器可以根据时钟信号对计数器的数值进行增加或减少，同时还可以根据控制信号对计数器进行清零或者重置。

例如，在数字钟、计时器、计算机中，常常需要使用计数器来实现时间的计数、指令计数、程序计数以及精确的时序控制等功能。此外，在数字信号的处理和调制领域，计数器也得到了广泛应用。

因此，深入学习计数器的逻辑功能和典型应用电路，对于掌握数字电路的基本原理和实现方式至关重要。

学习目标

（1）掌握二进制计数器中的异步二进制计数器和同步二进制计数器。
（2）掌握十进制计数器的电路组成及工作过程。
（3）了解集成计数器的逻辑功能。

一、计数器的功能及类型

（1）计数器的功能及应用：能累计输入脉冲个数的时序电路叫作计数器。计数器不仅能用于计数，还可用于定时、分频和程序控制等。

（2）计数器的类型：常用的计数器种类非常多，计数器按计数进制可分为二进制计数器和非二进制计数器（如十进制、N 进制计数器等）；按数字的增减趋势可分为加法计数器、减法计数器和可逆计数器；按计数器中各触发器翻转是否与计数脉冲同步可分为同步计数器和异步计数器。

二、异步计数器

1. 异步3位二进制加法计数器

（1）电路组成。如图11-5（a）所示，由3个JK触发器构成。FF_0为最低位触发器，其控制端C1接输入脉冲CP，低位的输出端Q接高一位的控制端C1处，FF_2为最高位计数器。各触发器$K=J=1$，处于计数状态。当各触发器的控制端C1接收到由1变0的信号时，触发器的状态就翻转。

（2）工作原理。

计数器清零：使$\overline{CR}=0$，则$Q_2Q_1Q_0=000$。

每当一个CP脉冲下降沿到来时，FF_0就翻转一次；每当Q_0的下降沿到来时，FF_1就翻转一次；每当Q_1的下降沿到来时，FF_2就翻转一次，工作波形如图11-5（b）所示。

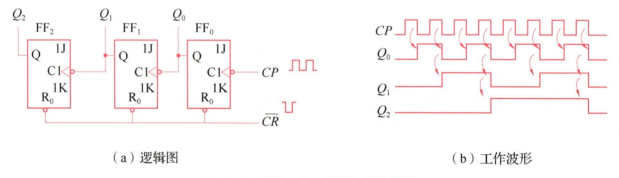

（a）逻辑图　　　　　　　　　　　（b）工作波形

图11-5　异步3位二进制加法计数器

输入脉冲个数与对应的二进制数状态，见表11-3，实现了每输入一个脉冲，就进行一次加1运算的加法计数器操作（也称递增计数器）。3位二进制加法计数器的计数范围是000~111，对应十进制数的0~7，共8个状态，第8个计数脉冲输入后计数器又从初始000开始计数。

表11-3　3位二进制加法计数器状态表

输入CP脉冲序号	计数器状态		
	Q_2	Q_1	Q_0
0（初态）	0	0	0
1	0	0	1
2	0	1	0
3	0	1	1
4	1	0	0

续表

输入 CP 脉冲序号	计数器状态		
	Q_2	Q_1	Q_0
5	1	0	1
6	1	1	0
7	1	1	1
8	0	0	0

2. 异步集成计数器 74LS290

（1）74LS290 功能介绍：二-五-十进制异步加法计数器 74LS290 的引脚排列图、逻辑功能示意图如图 11-6 所示。

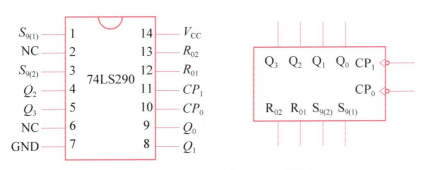

图 11-6　74LS290 引脚图、逻辑符号

（2）74LS290 的应用：74LS290 通过输入输出端子的不同连接，可组成不同进制的计数器。

三、同步计数器

为提高计数速度，将计数脉冲送到每个触发器的时钟脉冲输入端 CP 处，使各个触发器的状态变化与计数脉冲同步，这种方式的计数器称为同步计数器。图 11-7 所示为 3 位二进制同步加法计数器。

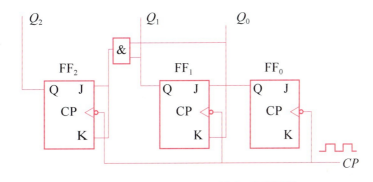

图 11-7　3 位二进制同步加法计数器

1. 3 位二进制同步加法计数器

分析逻辑关系，如表 11-4 所示。

表 11-4　3 位二进制同步加法计数器逻辑关系

触发器序号	翻转条件	JK 端逻辑关系
FF_0	来一个计数脉冲就翻转一次	$J_0 = K_0 = 1$
FF_1	$Q_0 = 1$	$J_1 = K_1 = Q_0$
FF_2	$Q_0 = Q_1 = 1$	$J_2 = K_2 = Q_1 Q_0$

3 位二进制同步加法计数器的工作过程如下。

（1）计数器工作前应先清零，初始状态为 000。

（2）当第 1 个 CP 脉冲到来后，FF_0 的状态由 0 变为 1。而 CP 到来前，Q_0、Q_1 均为 0，所以，CP 到来后，FF_2、FF_1 保持"0"态不变。计数器状态为 001。

（3）当第 2 个 CP 脉冲到来后，则 FF_0 由 1 变为 0。FF_1 状态翻转，由 0 变为 1。而 FF_2 仍保持"0"态不变。计数器状态为 010。

（4）当第 3 个 CP 脉冲到来后，只有 FF_0 的状态由 0 变为 1，FF_1、FF_2 保持原状态不变。计数器状态为 011。

（5）当第 4 个计数脉冲到来后，3 个触发器均翻转，计数状态为 100。

（6）第 5、6 个计数脉冲到来后，触发器的状态可自行分析。在第 7 个 CP 脉冲到来后，计数状态变为 111，如再送入一个 CP 脉冲，计数恢复为 000。

2. 同步集成计数器 74LS161

74LS161 功能介绍：74LS161 是同步可预置 4 位二进制加法计数器。图 11-8 分别是它的逻辑功能图和引脚排列图，集成同步计数器 74LS161 的功能表如表 11-5 所示。

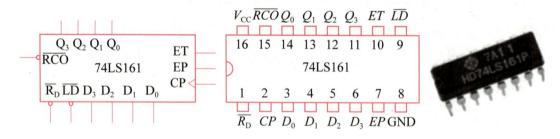

图 11-8　74LS161 的逻辑功能示意图和引脚图

表 11-5　同步集成计数器 74LS161 的功能表

输入					输出			
$\overline{R}_D$	$\overline{LD}$	EP	ET	CP	Q_3	Q_2	Q_1	Q_0
0	×	×	×	×	0	0	0	0

续表

输入					输出			
$\overline{R_D}$	$\overline{LD}$	EP	ET	CP	Q_3	Q_2	Q_1	Q_0
1	0	×	×	↑	D_3	D_2	D_1	D_0
1	1	1	1	↑	计数			
1	1	0	×	×	保持			
1	1	×	0	×	保持			

四、任意进制计数器

在异步二进制计数器的基础上，通过脉冲反馈或阻塞反馈来实现其功能。

1. 脉冲反馈式

设计思想：通过反馈线和门电路来控制二进制计数器中各触发器的 $\overline{R_D}$ 端，以消去多余状态（无效状态）构成任意进制计数器。

例如，实现十进制计数器的工作原理是 4 位二进制加法计数器从 0000 到 1001 计数。

当第 10 个计数脉冲 CP 到来后，计数器变为 1010 状态瞬间，要求计数器返回到 0000。

可令 $\overline{R_D}=Q_1Q_3$，当 1010 状态时 Q_1、Q_3 同时为 1，$\overline{R_D}=0$，使各触发器置"0"。

当计数器变为 0000 状态后，$\overline{R_D}$ 又迅速由 0 变为 1 状态，清零信号消失，可以重新开始计数。

显然，1010 状态存在的时间极短（通常只有 10 ns 左右），可以认为实际出现的计数状态只有 0000~1001，所以该电路实现了十进制计数功能，如图 11-9 所示。

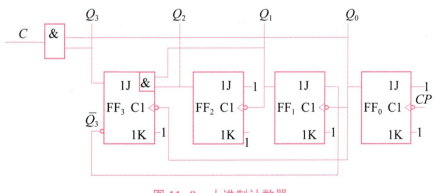

图 11-9 十进制计数器

2. 阻塞反馈式

设计思想：通过反馈线和门电路来控制二进制计数器中某些触发器的输入端，以消去多余状态（无效状态）来构成任意进制计数器。

由于 $J_1 = Q_3 = 1$，计数器从 0000 状态到 0111 状态的计数，其过程与二进制加法计数器完全相同；当计数器为 0111 状态时，由于 $J_1 = 1$、$J_3 = Q_2 Q_1 = 1$，若第 8 个 CP 计数脉冲到来，使 Q_0、Q_1、Q_2 均由 1 变为 0，Q_3 由 0 变为 1，计数器的状态变为 1000。

第 9 个 CP 计数脉冲到来后，计数器的状态变为 1001，同时进位端 $C = Q_0 Q_3 = 1$。

第 10 个 CP 计数脉冲到来后，因为此时 $J_1 = Q_3 = 0$，从 Q_0 送出的负脉冲（Q_0 由 1 变为 0 时）不能使触发器 FF_1 翻转；但是，由于 $J_3 = Q_2 Q_1 = 0$、$K_3 = 1$，Q_0 能直接触发 FF_3，使 Q_3 由 1 变为 0，计数器的状态变为 0000，从而使计数器跳过 1010~1111 这 6 个状态直接复位到 0000 状态。此时，进位端 C 由 1 变为 0，向高位计数器发出进位信号。

实践环节

测试 74LS161 芯片的计数功能

步骤 1：按图 11-10 所示连线，其中 $Q_0 \sim Q_3$ 和 $\overline{RCO}$ 分别接发光二极管，$\overline{LD}$、EP 和 ET 分别接开关 S_0、S_1、S_2，$\overline{R_D}$ 接清零脉冲 P_0，CP 接单次脉冲。

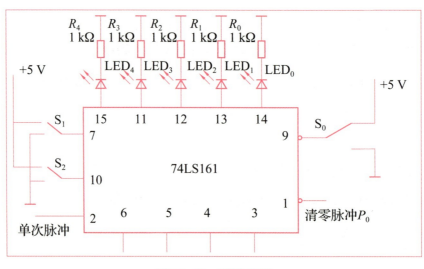

图 11-10 测试电路

步骤 2：将计数器清零，即接入一次 P_0，然后令 $\overline{LD} = EP = ET = 1$，按表 11-6 进行测试，并将结果填入表中。

表 11-6 数据记录表

CP 个数	输出				$\overline{RCO}$	CP 个数	输出				$\overline{RCO}$
	Q_3	Q_2	Q_1	Q_0			Q_3	Q_2	Q_1	Q_0	
1						7					
2						8					

CP 个数	输出				$\overline{RCO}$	CP 个数	输出				$\overline{RCO}$
	Q_3	Q_2	Q_1	Q_0			Q_3	Q_2	Q_1	Q_0	
3						9					
4						10					
5						11					
6						12					

知识回顾

一、选择题

（1）（2014 高考）一片 74LS161 构成的计数器最大进制是（　　）。
A. 8　　　　　　　　B. 16　　　　　　　　C. 15　　　　　　　　D. 10

（2）关于计数器的说法，正确的是（　　）。
A. 计数器是一种只能对输入脉冲进行累计计数的逻辑器件
B. 计数器按计数制可分为二进制、十进制、八进制和十六进制
C. 计数器按动作方式可分为加法计数器和减法计数器
D. 组成计数器的各触发器都受同一个脉冲控制，则该计数器为同步计数器

二、填空题

（1）_____是对脉冲的个数进行计数，具有计数功能的电路。

（2）计数器按进位体制的不同，可分为_____、_____、_____。

（3）计数器按数值增减趋势的不同，可分为_____、_____、_____。

（4）_____的计数器称为可逆计数器。

（5）在同步计数器中，各触发器的 CP 输入端应接_____时钟脉冲。

（6）若要构成五进制计数器，最少用_____个触发器，它有_____个无效状态。

（7）计数器电路中，_____称为有效状态；若无效状态经若干个 CP 脉冲后能称其具有自启动能力。

（8）4 个触发器构成的计数器，其最大计数长度为_____。

（9）N 位二进制计数器可累计脉冲最大数为_____；构成异步二进制计数器的触发器为_____触发器；如果由下降沿有效的触发器构成异步二进制加法计数器，其内部连接规律为_____。

（10）构成一个 $2n$ 进制计数器，共需要_____个触发器。

课题十二

脉冲波形的产生与变换

> 脉冲产生电路在数字电路中扮演着关键角色，尤其在脉冲生成和时序控制方面具有重要意义。通过脉冲产生电路，能够生成特定频率和宽度的脉冲信号，用于同步和调节其他数字电路的操作。例如，在计时器、通信系统和传感器接口等应用中，脉冲产生电路被广泛应用，用来实现数据采样、数据传输和时钟同步等关键功能。
>
> 因此，深入学习脉冲产生电路的逻辑功能和典型应用电路，对于掌握数字电路的时序控制原理和实现方法至关重要。

单元一　认识脉冲产生电路

在数字电路中，脉冲波形的获取方法主要有两种：一种是通过整形电路对已有的非脉冲波形进行变换获取；另一种则是利用脉冲信号产生器（即多谐振荡器）直接获取。施密特触发器和单稳态触发器是两种不同用途的脉冲波形的整形、变换电路。

学习目标

(1) 了解几种脉冲产生电路。
(2) 了解多谐振荡器和石英晶体多谐振荡器。
(3) 了解单稳态触发器。
(4) 掌握施密特触发器的参数、波形和工作过程。

一、单稳态触发器

单稳态触发器只有一个稳定状态和一个暂稳态。在外加脉冲的作用下,单稳态触发器可以从一个稳定状态翻转到暂稳态。由于电路中 RC 延时环节的作用,该暂稳态维持一段时间又会回到原来的稳态,暂稳态维持的时间取决于 RC 的参数值。

暂稳态是靠 RC 电路的充放电过程来维持的,如图 12-1 所示。

由于图示电路的 RC 电路接成微分电路形式,故该电路又称为微分型单稳态触发器。

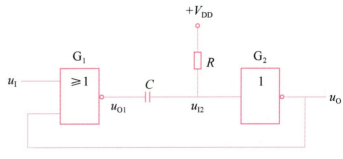

图 12-1 单稳态触发器

（1）输入信号 u_I 为 0 时,电路处于稳态。

$$u_{I2}=V_{DD},\ u_O=U_{OL}=0,\ u_{O1}=U_{OH}=V_{DD}$$

（2）外加触发信号,电路翻转到暂稳态。

当 u_I 产生正跳变时,u_{O1} 产生负跳变,经过电容 C 耦合,使 u_{I2} 产生负跳变,G_2 输出 u_O 产生正跳变；u_O 的正跳变反馈到 G_1 输入端,从而导致以下正反馈过程：

$$u_I \uparrow \rightarrow u_{O1} \downarrow \rightarrow u_{I2} \downarrow \rightarrow u_O \uparrow$$

使电路迅速变为 G_1 导通、G_2 截止的状态,此时,电路处于 $u_{O1}=U_{OL}$、$u_O=u_{O2}=U_{OH}$ 的状态。然而这一状态是不能长久保持的,故称为暂稳态。

（3）电容 C 充电,电路由暂稳态自动返回稳态。

暂稳态期间,V_{DD} 经 R 对 C 充电,使 u_{I2} 上升。当 u_{I2} 上升达到 G_2 的 U_{TH} 时,电路会发生以下正反馈过程：

$$C\ 充电 \rightarrow u_{I2} \downarrow \rightarrow u_O \downarrow \rightarrow u_{O1} \uparrow$$

使电路迅速由暂稳态返回稳态,$u_{O1}=U_{OH}$、$u_O=u_{O2}=U_{OL}$。

（4）从暂稳态自动返回稳态之后,电容 C 将通过电阻 R 放电,使电容上的电压恢复到稳态时的初始值。

单稳态触发器的工作波形如图 12-2 所示。

1. 恢复时间 t_{re}

暂稳态结束后,电路需要一段时间恢复到初始状态。一般恢复时间 t_{re} 为 3~5 倍放电时间常数（通常放电时间

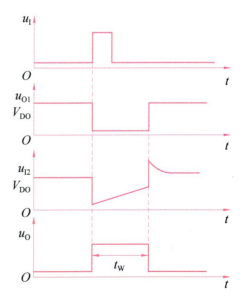

图 12-2 单稳态触发器的工作波形

常数远小于 RC）。

2. 输出脉冲宽度 t_W

输出脉冲宽度 t_W 就是暂稳态的维持时间。根据 u_{I2} 的波形可以计算出 $t_W \approx 0.7RC$。

3. 最高工作频率 f_{max}（或最小工作周期 T_{min}）

设触发信号的时间间隔为 T，为了使单稳态触发器能够正常工作，应当满足 $T > t_W + t_{re}$ 的条件，即 $T_{min} = t_W + t_{re}$。因此，单稳态触发器的最高工作频率为 $f_{max} = 1/T_{min} = 1/(t_W + t_{re})$。

在使用微分型单稳态触发器时，输入触发脉冲 u_I 的宽度 t_{W1} 应小于输出脉冲的宽度 t_W，即 $t_{W1} < t_W$，否则电路不能正常工作。如出现 $t_{W1} > t_W$ 的情况时，可在触发信号源 u_I 和 G_1 输入端之间接入一个 RC 微分电路。

二、多谐振荡器

多谐振荡器是一种在接通电源后，就能产生一定频率和一定幅值矩形脉冲波的自激振荡电路，常用来做脉冲信号源。多谐振荡器符号如图 12-3 所示。

多谐振荡器一旦起振之后，电路没有稳态，只有两个暂稳态，它们做交替变化输出连续的矩形脉冲信号，因此它又称为无稳态电路。

多谐振荡器由两个 TTL 反相器经电容交叉耦合而成，如图 12-4 所示。通常令 $C_1 = C_2 = C$，$R_1 = R_2 = R_F$。为了使静态时反相器工作在转折区，具有较强的放大能力，应满足 $R_{OFF} < R_F < R_{ON}$ 的条件。

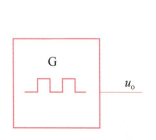

图 12-3　多谐振荡器符号

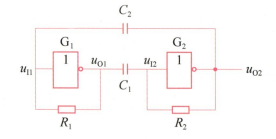

图 12-4　多谐振荡器结构

矩形脉冲的振荡周期为 $T \approx 1.4R_F C$。当取 $R_F = 1\ \text{k}\Omega$、$C = 100\ \text{pF} \sim 100\ \mu\text{F}$ 时，则该电路的振荡频率可在几赫到几兆赫的范围内变化。

多谐振荡器是一种自激振荡电路，不需要外加输入信号，就可以自动地产生矩形脉冲。

由门电路构成的多谐振荡器与基本 RS 触发器在结构上极为相似，只是用于反馈的耦合网络不同。RS 触发器具有两个稳态，多谐振荡器没有稳态，所以又称为无稳态电路。

在多谐振荡器中，由一个暂稳态过渡到另一个暂稳态，其"触发"信号是由电路内部电容充（放）电提供的，因此无须外加触发脉冲。多谐振荡器的振荡周期与电路的阻容元件有关。

三、施密特触发器

施密特触发器的主要用途：把变化缓慢的信号波形变换为边沿陡峭的矩形波。

1. 特点

（1）电路有两种稳定状态。两种稳定状态的维持和转换完全取决于外加触发信号。
触发方式：电平触发。
（2）电压传输特性特殊，电路有两个转换电平（上限触发转换电平 U_{T+} 和下限触发转换电平 U_{T-}）。
（3）状态翻转时有正反馈过程，从而输出边沿陡峭的矩形脉冲。

2. 工作原理

施密特触发器是一种能够把输入波形整形成为适用于数字电路需要的矩形脉冲的电路。如图 12-5 所示，内部由两个 CMOS 反相器和两个分压电阻组成。其工作波形如图 12-6 所示。

（1）第一稳态。输入电压 $u_I = 0$ 时，G_1 关闭，输出高电平；G_2 开通，输出低电平，电路处于第一稳态。

（2）翻转至第二稳态。随着输入端 u_I 的上升，加到 G_1 的 u_{I1} 逐渐上升，当 u_{I1} 大于 G_1 的阈值电压 U_T 时，G_1 开通，输出变为低电平；G_2 关闭，输出高电平，电路由第一稳态翻转为第二稳态。此后 u_I 继续上升，电路仍然保持该稳态。

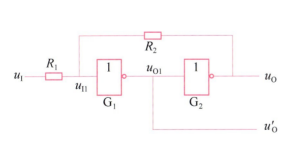

图 12-5 施密特触发器

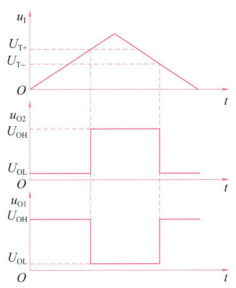

图 12-6 施密特触发器的工作波形

（3）返回第一稳态。输入端 u_I 从高电平处开始下降，加到 G_1 的 u_{I1} 也随着下降，当 u_{I1} 低于 G_1 的阈值电压 U_T 时，G_1 关闭，输出跳变为高电平；G_2 开通，输出低电平，电路由第二稳态返回第一稳态。

在施密特触发器的输入电压 u_I 增大过程中，使输出电压 u_{O2} 产生跳变所对应的输入电压值定义为上限触发电平 U_{T+}。

施密特触发器的输入电压 u_I 降低过程中，使输出电压 u_{O2} 产生跳变所对应的输入电压值定义为下限触发电平 U_{T-}。

施密特触发器的波形变换探究

步骤1：选用集成六施密特反相触发器 CC40106 搭建实验电路，其中，第 14 脚接+5 V 电源，第 7 脚接地。

步骤2：调节函数发生器生成 $U_{PP}=5$ V、$f=2$ kHz 的直流脉动三角波信号。

步骤3：将该三角波信号输入到其中一个施密特触发器。

步骤4：用双踪示波器观察施密特触发器的输入电压 u_I 和输出电压 u_O，并将波形用不同颜色的笔记录到表 12-1 中。

表 12-1　波形记录表

步骤5：测量施密特触发器的上限触发电平和下限触发电平。

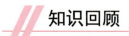

一、选择题

（1）脉冲整形电路有（　　）。

A. 多谐振荡器　　　B. 单稳态触发器　　　C. 施密特触发器　　　D. 555 定时器

（2）多谐振荡器可产生（　　）。

A. 正弦波　　　B. 矩形脉冲　　　C. 三角波　　　D. 锯齿波

（3）石英晶体多谐振荡器的突出优点是（　　）。

A．速度高　　　　　B．电路简单　　　　　C．振荡频率稳定　　　D．输出波形边沿陡峭

二、判断题

（1）施密特触发器可用于将三角波变换成正弦波。　　　　　　　　　　　　　　（　　）

（2）施密特触发器有两个稳态。　　　　　　　　　　　　　　　　　　　　　　（　　）

（3）多谐振荡器的输出信号的周期与阻容元件的参数成正比。　　　　　　　　　（　　）

（4）单稳态触发器的暂稳态时间与输入触发脉冲宽度成正比。　　　　　　　　　（　　）

单元二　认识 555 时基电路

在日常生活中，我们经常看到或曾经使用过一些电子产品，如触摸式定时器能在触摸开关后起定时控制灯亮的作用，救护车会边闪烁边发出救护警笛声，梦幻彩灯能在商店、舞场、家庭及节日里变化奇妙，闪耀发出漂亮的色光等。本单元主要介绍这些奇妙现象背后的应用电路——555 时基电路。

学习目标

（1）掌握 555 时基电路的电路组成、引脚功能、逻辑功能。

（2）掌握 555 时基电路的应用。

一、555 集成定时器介绍

555 集成电路是一种将模拟电路与数字电路结合在一起的中规模集成电路，该电路功能灵活、适用范围广泛，只要外部配上几个阻容元件，就可以构成多谐振荡器、单稳态电路及施密特触发器等多种电路。555 电路型号很多，但基本上可分为 TTL 型和 CMOS 型两种，属于 TTL 型的有 NE555、LM555 等，属于 CMOS 型的有 CC7555、CC7556 等，虽然型号不同，但内部结构、工作原理和外部引线排列基本一致，功能完全相同。

图 12-7 所示为 555 集成定时器的内部结构和外引线排列图。

555 集成定时器电路包括 3 个等值电阻 R 组成的分压器、两个电压比较器 C_1 和 C_2、一个带清零端的基本 RS 触发器以及一个放电晶体管（或 MOS 管）和一个反相器。

555 定时器的功能见表 12-2，表中 0 表示低电平，1 表示高电平，×表示任意电平。

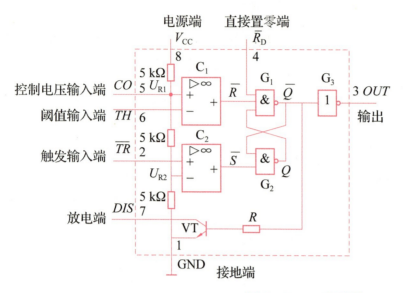
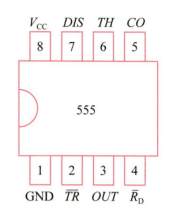

图 12-7 555 定时器

表 12-2 555 定时器功能表

复位 $\overline{R}_D$	高触发端 TH	低触发端 $\overline{TR}$	Q	输出 OUT	放电管 VT
0	×	×	0	0	导通
1	$>\dfrac{2}{3}V_{CC}$	$>\dfrac{1}{3}V_{CC}$	0	0	导通
1	$<\dfrac{2}{3}V_{CC}$	$>\dfrac{1}{3}V_{CC}$	保持	保持	保持
1	$<\dfrac{2}{3}V_{CC}$	$<\dfrac{1}{3}V_{CC}$	1	1	截止

例如，当 $\overline{R}_D=1$ 时，如果高电平触发端 6 端电压高于 $\dfrac{2}{3}V_{CC}$、低电平触发端 2 端的电压高于 $\dfrac{1}{3}V_{CC}$，那么 3 端会输出低电平"0"，此时内部晶体管 VT 处于导通状态；当低电平触发端 2 端的电压低于 $\dfrac{1}{3}V_{CC}$ 时，3 端输出高电平"1"，内部晶体管 VT 处于截止状态。

二、555 集成定时器的应用

1. 555 集成定时器组成多谐振荡器

555 集成定时器组成多谐振荡器的电路及工作波形如图 12-8 所示。电容 C 循环充电和放电，使电路产生振荡，输出矩形脉冲。

振荡周期计算如下。

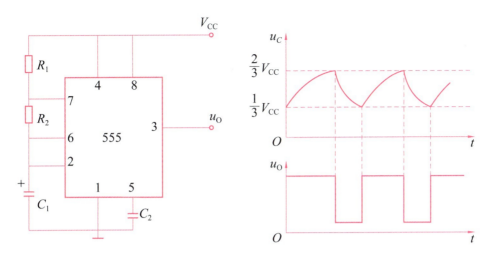

图 12-8　555 组成多谐振荡器

（1）充电时间 t_{WH} 和放电时间 t_{WL} 分别为

$$t_{WH} \approx 0.7(R_1+R_2)C_1, \quad t_{WL} \approx 0.7 R_2 C_1$$

（2）振荡周期为

$$T = t_{WH} + t_{WL} \approx 0.7(R_1+2R_2)C_1$$

2. 555 集成定时器组成单稳态触发器

图 12-9 所示为 555 电路构成的单稳态触发器电路——触摸式定时控制开关。

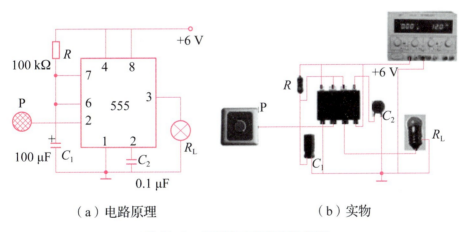

（a）电路原理　　　　　　（b）实物

图 12-9　555 组成单稳态触发器

单稳态触发器电路是一种只有一个稳定状态的触发器，在无外触发信号时，电路处于稳态，在外触发信号作用下，电路翻转为暂稳态，然后自动返回到稳态。暂稳态的持续时间取决于 RC 定时元件的参数，与外加触发信号无关。

3. 555 集成定时器组成施密特触发器

555 集成定时器组成施密特触发器的电路及工作波形如图 12-10 所示。

（1）上限阈值电压（U_{T+}）：是指在输入电压上升过程中，施密特触发器的输出电平由高变低时的输入电压，又称上触发电平，用 U_{T+} 表示。

（2）下限阈值电压（U_{T-}）：是指在输入电压下降过程中，施密特触发器的输出电平由低变高时的输入电压，又称下触发电平，用 U_{T-} 表示。

（3）滞回电压（ΔU）：U_{T+} 与 U_{T-} 之间的差值称为滞回电压（或回差电压），即 $\Delta U = U_{T+} - U_{T-}$。

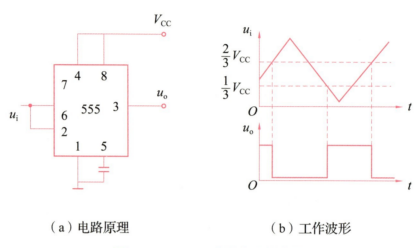

（a）电路原理　　　　　　（b）工作波形

图 12-10　555 组成施密特触发器

 实践环节

用 555 时基集成电路制作简单光电控制电路

步骤 1：观察图 12-11，理解光电控制电路的工作原理。

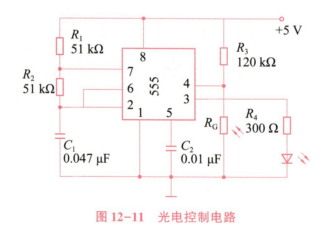

图 12-11　光电控制电路

步骤 2：根据原理图设计、安装和焊接。

步骤 3：实训记录。

（1）整机电阻测试，元器件安装检查无误后接通电源。

（2）电路正常时，用纸板或手遮挡光敏电阻的感光部位，LED 发光。

（3）将实验结果填入表 12-3 中。

表 12-3 实验结查记录表

实训项目		实训人员	
用万用表测量输入输出端引脚电压的变化	第 2 脚	第 6 脚	第 3 脚

知识回顾

一、选择题

（1）（2012 高考）555 时基电路输出端为高电平时，说法正确的是（　　）。

A. 7 脚和 1 脚之间呈现低电阻　　　　B. 7 脚和 1 脚之间呈现高电阻

C. 5 脚和 1 脚之间呈现低电阻　　　　D. 3 脚和 1 脚之间呈现低电阻

（2）（2014 高考）555 多谐振荡器的功能是（　　）。

A. 矩形波整形　　B. 产生锯齿波　　C. 产生尖脉冲　　D. 产生矩形波

（3）正常情况下，不能自行产生周期性波形的是（　　）。

A. 单稳态触发器　　　　　　　　　　B. 正弦波振荡器

C. 三角波发生器　　　　　　　　　　D. 多谐振荡器

（4）对输入波形进行整形而得到较标准的矩形波，一般应选择（　　）。

A. JK 触发器　　B. 多谐振荡器　　C. 单稳态触发器　　D. 施密特触发器

（5）555 集成电路构成的单稳态触发器的输出脉冲宽度为（　　）。

A. $t_W \approx 0.7RC$　　B. $t_W \approx 1.17RC$　　C. $t_W \approx 1.4RC$　　D. $t_W \approx 2.2RC$

（6）如要从幅度不等的脉冲信号中选取幅度大于某一数值的脉冲信号，应采用（　　）。

A. 施密特触发器　　B. JK 触发器　　C. 单稳态触发器　　D. 多谐振荡器

二、填空题

（1）555 时基电路是一种数字、模拟混合型的小规模集成电路，它有 8 个引脚，其中 4 脚为_____端，工作时，应接高电平。

（2）多谐振荡器可产生_____波。

（3）施密特触发器能将输入正弦波转化成_____。

参考文献

[1] 陈其纯. 电子线路[M]. 2版. 北京：高等教育出版社，2023.
[2] 张龙兴. 电子技术基础[M]. 2版. 北京：高等教育出版社，2022.
[3] 黄连根. 数字电子技术基础[M]. 上海：上海交通大学出版社，2004.
[4] 李传珊. 电子技术基础与技能[M]. 2版. 北京：电子工业出版社，2020.
[5] 沈任元，吴勇. 模拟电子技术基础[M]. 2版. 北京：机械工业出版社，2020.
[6] 周良权，方向乔. 数字电子技术基础[M]. 5版. 北京：高等教育出版社，2021.
[7] 冯泽虎，电子产品工艺与制作技术[M]. 西安：西安电子科技大学出版社，2020.